カーボンニュートラル
に向かう**食**の
事業変革

農業・畜産・水産・食品製造・食品流通の脱CO_2

山崎康夫

幸書房

は じ め に

　2015 年におけるパリ協定の採択を受けて、2020 年 10 月に日本政府は 2050 年までに温室効果ガスの排出を全体としてゼロにする、カーボンニュートラルを目指すことを宣言しました。「排出を全体としてゼロ」というのは、二酸化炭素をはじめとする温室効果ガスの「排出量」から、植林、森林管理などによる「吸収量」を差し引いて、合計を実質的にゼロにすることを意味しています。これを受けて、食品産業でも 2022 年頃よりカーボンニュートラルに対する言葉が、多く聞かれるようになりました。

　本書では、食品産業で働く人々に対して、カーボンニュートラルとはどのようなものか、食品産業にとっての脱炭素化はどうあるべきか、食品産業で働く我々は何を提案したらよいのか、農業・畜産業・水産業・食品製造業・食品流通業・消費者においては脱炭素化に関してどのような行動ができるのか、などを読者にわかりやすく、事例も交えて伝えるもので、食品産業におけるカーボンニュートラル入門書となります。

　すなわち、カーボンニュートラルで始まりつつある食品産業における変革の実態と、フードチェーンの各分野における CO_2 削減のポイントについてわかりやすく記述しています。そして、食品産業における事業変革のヒントを提示しています。また、各章に食品分野ごとの脱炭素体系図を示すことで、全体像を一目で把握できるようにしました。

　本書は 8 章で構成されており、その特徴と活用方法を述べてみます。

　第 1 章の「食品産業のカーボンニュートラル」では、カーボンニュートラル（脱炭素）とは何か？地球温暖化の状況はどうなっているか？クリーンエネルギー・バイオマス・水素などのエネルギー戦略はどうなっているかを述べています。

　第 2 章から第 4 章の「持続可能な農業・畜産業・水産業」については、一次産業であるこれらの業種が、どのような形でカーボンニュートラルに取り組んでいくのかが示され、食品製造業や流通業にとってもフードチェーンを考える上で参考となります。

第5章、第6章の「カーボンニュートラルに貢献する食品製造業・食品流通業」では、食品工場や店舗における CO_2 削減方法やスマート化の事例を示すとともに、食材などの鮮度維持や賞味期限を延長する包装技術、冷凍技術についても紹介しています。

　第7章の「フードチェーン活用のカーボンニュートラル」では、各業種の食品ロス削減などの脱炭素を、フードチェーンの活用により実現する手段を示しています。

　第8章の「カーボンニュートラル制度の活用」では、食品産業におけるスコープ1、2、3の CO_2 排出量の計算方法について解説するとともに、カーボンオフセット、J-クレジット制度、SBT認定など、カーボンニュートラルを効果的に進めるための制度について紹介しています。

　本書は、2021年11月に「SDGsで始まる 新しい食のイノベーション」が発刊されたのに続く第二弾のシリーズとなります。2022年5月頃より執筆をはじめ、事例企業の取材先は50社近くにおよび、取材方法はWEBによるインタビューが主な手段となりました。

　最後になりましたが、本書の企画と出版にご尽力いただいた、株式会社幸書房の夏野雅博相談役、伊藤郁子さんをはじめ編集部の皆様にお礼を申し上げます。

2023年2月吉日
フードチェーン・コンサルティング
山崎 康夫

謝　　辞

　本書執筆にあたり、お忙しい中取材対応いただき、また貴重なデータをご提供いただいた、多くの機関・企業様に心より感謝申し上げます。

項目	機関・企業名（掲載順）	項目	機関・企業名（掲載順）
1.1	全国地球温暖化防止推進センター	5.1	株式会社明治
1.5	株式会社流通サービス	5.2	日清食品ホールディングス株式会社
1.6	アーキアエナジー株式会社	5.3	三菱ケミカル株式会社
1.8	国立研究開発法人 新エネルギー・産業技術総合開発機構	5.4	株式会社アビー
		5.5	伊那食品工業株式会社
2.1	国立研究開発法人 農業・食品産業技術	5.6	プラスチック容器包装リサイクル
(3.2)	総合研究機構		推進協議会
2.2	明和工業株式会社	5.6	中央化学株式会社
2.3	千葉県いすみ市役所	5.7	エスビー食品株式会社
2.4	静岡県経済産業部農地局農地保全課	5.7	株式会社アールティ
	富士農林事務所	6.1	株式会社セブン＆アイ・ホールディングス
2.5	株式会社スプレッド		
2.6	オイシックス・ラ・大地株式会社	6.2	栗林商船株式会社
2.7	和同産業株式会社	6.3	ロイヤルホールディングス株式会社
2.7	株式会社オプティム	6.4	相模屋食料株式会社
2.7	協和株式会社	6.4	一般財団法人日本気象協会
3.1	Global News View	6.4	ソフトバンク株式会社
3.2	酪農学園大学社会連携センター	6.5	株式会社ティービーエム
	酪農 PLUS⁺	6.6	株式会社トライアルホールディングス
3.3	DAIZ 株式会社	6.6	有限会社ゑびや、株式会社 EBILAB
3.4	株式会社グリラス	7.3	株式会社コークッキング
3.5	特定非営利活動法人日本細胞農業協会	7.4	Z 世代総合研究所
3.5	東京大学大学院 竹内昌治教授	7.4	RelationFish 株式会社
3.5	東京女子医科大学 清水達也教授	7.5	奄美市
4.1	三重県 水産研究所 鈴鹿水産研究室	7.6	株式会社 4Nature
4.2	堀正和・桑江朝比呂 編著 地人書館	7.6	株式会社日本フードエコロジーセンター
4.3	神戸精化株式会社	7.7	公益財団法人流通経済研究所
4.3	ニチモウ株式会社	7.7	株式会社金子商店
4.4	公益財団法人広島市農林水産振興センター	7.8	株式会社リグノマテリア
		8.2	道の駅にちなん日野川の郷
4.4	広島県漁業協同組合連合会	8.3	J－クレジット制度事務局
4.5	株式会社 FRD ジャパン	8.4	明治ホールディングス株式会社
4.6	炎重工株式会社	8.5	イオントップバリュ株式会社

目　　次

7.　フードチェーン活用のカーボンニュートラル

8.　カーボンニュートラル制度の活用

1.

食品産業の
カーボンニュートラル

1.1 カーボンニュートラルとは

　地球規模の課題である気候変動問題の解決に向けて、2015 年にパリ協定が採択されました、世界共通の長期目標として、世界的な平均気温上昇を産業革命以前に比べて 2 ℃より十分低く保つとともに、1.5℃以内に抑える努力を追求すること、今世紀後半に温室効果ガス（Greenhouse Gas：GHG）の人為的な発生源による排出量と、吸収源による除去量との間の均衡を達成すること、などを合意しました。この実現に向けて、世界が取組みを進めており、120 以上の国と地域が「2050 年カーボンニュートラル」という目標を掲げています（**図表 1.1.1**）。

　2020 年 10 月に、日本政府は 2050 年までに温室効果ガス（GHG）の排出を全体としてゼロにする、カーボンニュートラルを目指すことを宣言しました。「排出を全体としてゼロ」というのは、二酸化炭素をはじめとする温室効果ガスの「排出量」から、植林、森林管理などによる「吸収量」を差し引いて、合計を実質的にゼロにすることを意味しています。カーボンニュートラル目標達成のためには、温室効果ガスの排出量の削減と吸収作用の保全及び強化をする必要があります（**図表 1.1.2**）。

　温室効果ガスは、太陽の熱を吸収して地球に閉じ込め、再放出して地表を温める性質があります。温室効果ガスには、二酸化炭素（CO_2）の他、メタン（CH_4）、一酸化二窒素（N_2O）など全部で 7 種類ありますが、中でも排出量が圧倒的に多いのが二酸化炭素で、炭素を燃やすと排出されます。他の 6 種の排出量は二酸化炭素排出量として換算されることから、温室効果ガスの排出量は二酸化炭素排出量として算出することが一般的です。

　世界の温室効果ガス排出量は、年間 490 億トンあり、このうち AFOLU（農業・林業・その他の土地利用）の排出は、約 24％を占めています。一方、日本の 2020 年度の温室効果ガス総排出量は 11 億 5 千万トンでした。2014 年度以降、7 年連続で減少していますが、

日本がカーボンニュートラルの目標を達成するためには、まだまだ
削減に向けた努力をする必要があります。

図表 1.1.1　各国の温室効果ガス削減目標

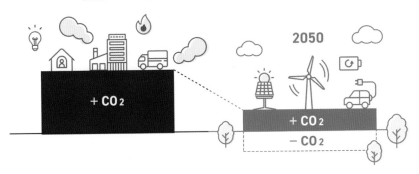

各国の削減目標

国名	削減目標	今世紀中頃に向けた目標 ネットゼロ [注] を目指す年など
中国	GDP当たりのCO₂排出を **2030**年までに **60-65** % 削減（2005年比） ※CO₂排出量のピークを2030年より前にすることを目指す	**2060**年までに CO₂排出を 実質ゼロにする
EU	温室効果ガスの排出量を **2030**年までに **55** % 以上削減（1990年比）	**2050**年までに 温室効果ガス排出を 実質ゼロにする
インド	GDP当たりのCO₂排出を **2030**年までに **45** % 削減 電力に占める再生可能エネルギーの割合を50%にする 現在から2030年までの間に予想される排出量の増加分を10億トン削減	**2070**年までに 排出量を 実質ゼロにする
日本	**2030**年度において **46** % 削減（2013年比） ※さらに、50%の高みに向け、挑戦を続けていく	**2050**年までに 温室効果ガス排出を 実質ゼロにする
ロシア	森林などによる吸収量を差し引いた 温室効果ガスの実質排出量を **2050**年までに 約**60** % 削減（2019年比）	**2060**年までに 実質ゼロにする
アメリカ	温室効果ガスの排出量を **2030**年までに **50-52** % 削減（2005年比）	**2050**年までに 温室効果ガス排出を 実質ゼロにする

各国のNDC提出・表明等、表現のまま掲載しています（2021年11月現在）

2021年11月更新

出典：全国地球温暖化防止活動推進センター

図表 1.1.2　温室効果ガスの排出量と吸収量を均衡

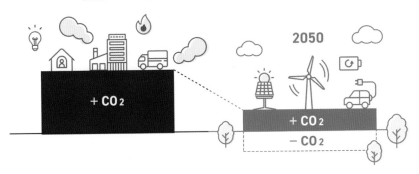

2050

$+CO_2$

$+CO_2$

$-CO_2$

出典：環境省

食品産業の脱炭素化を目指して

1.2 地球温暖化が進むと どうなる？

　世界の平均気温は 2020 年時点で、工業化以前（1850 ～ 1900 年）と比べ、既に約 1.1℃上昇したことが示されています。日本においても、気象庁のデータによれば、100 年で 1.28℃上昇しています（**図表 1. 2. 1**）。近年、国内外で様々な気象災害が発生しています。気候変動に伴い、豪雨や猛暑を身近に感じる方も多いと思われます。

　また、このままの状況が続けば、更なる気温上昇が予測されています。20 世紀末頃と比べて、有効な温暖化対策をとらなかった場合、21 世紀末の世界の平均気温は、2.6 ～ 4.8℃上昇、厳しい温暖化対策をとった場合でも 0.3 ～ 1.7℃上昇する可能性が発表されています（**図表 1. 2. 2**）。

　IPCC（気候変動に関する政府間パネル）が 2018 年 10 月に発表した「1.5℃特別報告書」では、2℃と 1.5℃の 0.5℃の違いでさえ、海面上昇や酸性化、また、干ばつや洪水を引き起こす大きな気象変化を増加させると述べられています。

　温暖化の進行を食い止めるためには、1.5℃上昇に抑えることを目指して温室効果ガスの排出量を減少させていくとともに、すでに発生している影響については適切な対応を取る必要があります。

　IPCC の第 5 次評価報告書は、このまま気温が上昇を続けた場合のリスクを、次のように示しています。

・海面水位の上昇による高潮、沿岸部の洪水、海岸浸食による被害
・大雨など極端な気象現象による、都市のインフラ機能停止
・熱波による死亡や、汚染された水による疾病の発生
・気温上昇や干ばつによる食料不足や、食料安全保障の危機
・水資源不足による農業生産減少
・急速な気候変化に対応できない野生生物の絶滅

　こうした状況は、私たち人類や全ての生き物にとっての生存基盤を揺るがす危機ともいわれています。気候変動の原因となっている

4

温室効果ガスは、経済活動・日常生活に伴い排出されています。カーボンニュートラルの実現に向けて、全世界で地球温暖化対策に取り組む必要があります。

図表 1.2.1 　日本の年平均気温偏差

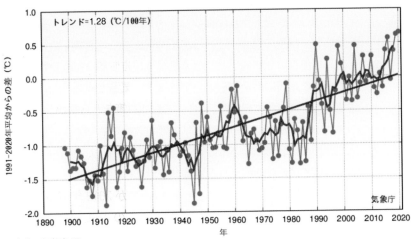

出典：気象庁 HP

図表 1.2.2 　1986 年〜 2005 年平均気温からの気温上昇

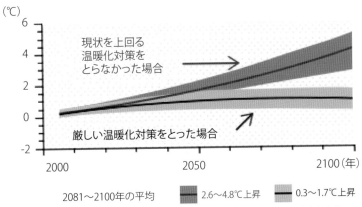

出典：環境省

食品産業の脱炭素化を目指して

1.3 カーボンニュートラルの実現に向けて

　国際的にも脱炭素化の機運が高まる中、"グリーン化"に日本の成長の機会を見出し、関係省庁が連携して策定されたのが、「2050年カーボンニュートラルに伴うグリーン成長戦略」です。温暖化への対応を"成長の機会"ととらえる時代になり、環境・社会・ガバナンスを重視した経営をおこなう企業へ投資する「ESG投資」は世界で3,000兆円にも及ぶとされています。脱炭素化をきっかけに、産業構造を抜本的に転換し、排出削減を実現しつつ大きな成長へとつなげていくことは、日本にとり重要な政策テーマです。

　「グリーン成長戦略」では、カーボンニュートラルの実現に向けて、産業として成長が期待され、温室効果ガスの排出を削減する観点からも取り組みが不可欠と考えられる14分野を設定しています。

　具体的には、①洋上風力・太陽光・地熱、②水素・燃料アンモニア、③次世代熱エネルギー、④原子力、⑤自動車・蓄電池、⑥半導体・情報通信、⑦船舶、⑧物流・人流・土木インフラ、⑨食料・農林水産業、⑩航空機、⑪カーボンリサイクル・マテリアル、⑫住宅・建築物・次世代電力マネジメント、⑬資源循環関連、⑭ライフスタイル関連、が選定されています。

　日本の温室効果ガス排出量（11億5,000万トン）の中で、農林水産分野の排出量は、2019年度で約4,747万トンであり、全体の約4%です。農業における排出は、家畜消化管内発酵と水田からのメタン（CH_4）、農地土壌、

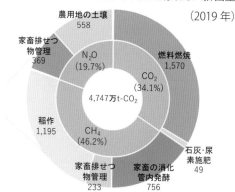

図表 1.3.1　農林水産分野の温室効果ガス排出量（2019年）

農用地の土壌 558
家畜排せつ物管理 369
N_2O (19.7%)
燃料燃焼 1,570
CO_2 (34.1%)
4,747万t-CO_2
稲作 1,195
CH_4 (46.2%)
石灰・尿素施肥 49
家畜排せつ物管理 233
家畜の消化管内発酵 756

単位：万t-CO_2換算

＊温室効果は、CO_2に比べメタンで25倍、N_2Oでは298倍。
データ出典：国立環境研究所
　　　　　温室効果ガスインベントリオフィス
出典：農林水産省

6

肥料、家畜排せつ物管理等からの一酸化二窒素（N$_2$O）の排出があり、CO$_2$以外のメタンやN$_2$Oの比率が他産業に比べて高いことが特徴です（**図表1.3.1**）。

　一方、CO$_2$の吸収量は森林4,700万トン、農地・牧草地750万トンであり、これは、維持・拡大していく必要があります。IPCC（気候変動政府間パネル）が、AFOLU（農業、林業及びその他の土地利用）説明図を出しています（**図表1.3.2**）。そして、食料・農林水産業に関する「グリーン成長戦略」としては、資材原料・エネルギーの調達や、食料の生産から消費までフードチェーンの各段階の取組みにより、持続可能な食料システムを構築することを掲げています。

　このため、地産地消型エネルギーシステムの構築、スマート農林水産業等の加速的実装によるゼロエミッション化、農畜産業由来の温室効果ガス（GHG）の削減、農地・森林・海洋における炭素の長期・大量貯蔵の技術等の確立、食料・農林水産物の加工・流通におけるロスの削減、持続可能な消費の促進など、生産力向上と持続性の両立をイノベーションで実現させ、カーボンニュートラルの実現に向けて、社会実装を拡大することが方針に挙げられています。

7

図表1.3.2　農林水産分野の温室効果ガス排出説明図

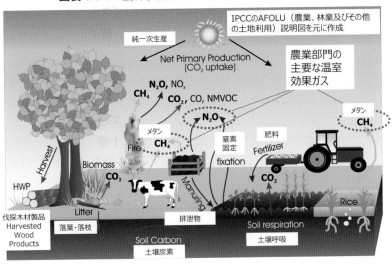

出典：農林水産省

食品産業の脱炭素化を目指して

1.4 農林水産分野における環境イノベーション戦略

　農林水産省では、「2050年カーボンニュートラルに伴うグリーン成長戦略」に基づいて、農林水産分野において環境イノベーション戦略を出しています（**図表1.4.1**）。次に代表的な項目を紹介します。

1. **農地や森林、海洋による CO_2 吸収**
   - 海藻類の増養殖技術等、ブルーカーボンの創出（4章）
   - バイオ炭の農地投入（2章）やエリートツリーの開発・普及
   - 改質リグニン等のバイオマス素材の低コスト製造・量産技術の開発・普及（7章）

2. **農畜産業からのメタン（CH_4）・一酸化二窒素（N_2O）排出削減**
   - メタン発生の少ないイネや家畜の育種
   - メタン・N_2O の排出を削減する農地、家畜の管理技術の開発（2章、3章）
   - メタン・N_2O の削減量を可視化するシステムの開発（2章）

3. **再生可能エネルギーの活用＆スマート農林水産業**
   - 農山漁村に適した地産地消型エネルギーシステムの構築（1章）
   - 作業最適化等による燃料や資材の削減（2章、4章）
   - 農林業機械や漁船の電化、水素燃料電池化（1章、2章）

　また、農業や食品製造業、食品流通業において、スマート化を実現して脱炭素化に寄与する事例が多く出てきています。スマート化には、IoTやAIという言葉が出てきますので、以下に説明します。

　① IoT：Internet of Things の略で、インターネットと様々なものが接続されることを示しています。

　② AI：Artificial Intelligence（人工知能）の略で、機器等を制御するための高度な技術を示しています。

　このIoTやAIを活用することにより、食品ロスの削減や持続可能な消費の促進など、生産力向上と持続性の両立を実現することができます。このスマート化は、大企業だけのもので、中小食品企業には縁のないものと思われていましたが、最近はスマート化をアドバイスする企業により、簡単に導入できるようになってきています。

図表 1.4.1 農林水産分野の革新的環境イノベーション戦略

農地や森林、海洋によるCO₂吸収

■目標コスト　産業持続可能なコスト
■CO₂吸収量　119億トン～/年*

【技術開発】
- 海藻類の増養殖技術等、ブルーカーボンの創出
- バイオ炭の農地投入や早生樹・エリートツリーの開発・普及等
- 高層建築物等の木造化や改質リグニンを始めとしたバイオマス素材の低コスト製造・量産技術の開発・普及

【施策】
- バイオ技術による要素技術の高度化
- 先導的研究から実用化、実証までの一貫実施

上：ブルーカーボン
右：エリートツリー
下：改質リグニン

農畜産業からのメタン・N₂O排出削減

■目標コスト　既存生産プロセスと同等価格
■CO₂潜在削減量　17億トン**

【技術開発】
- メタン発生の少ないイネや家畜の育種、N₂Oの発生削減資材の開発
- メタン・N₂Oの排出を削減する農地、家畜の管理技術の開発
- メタン・N₂Oの削減量を可視化するシステムの開発

【施策】
- 産学官による研究体制の構築

土壌のGHG排出削減「見える化」アプリ
- 土壌のCO₂吸収量を簡単に計算できます。
土壌の〔…〕
（入れる＋管理＝土壌のCO₂吸収量）
方法　吸収量

GHG削減量可視化システムのイメージ

再エネの活用＆スマート農林水産業

■目標コスト　エネルギー生産コストの大幅削減
■CO₂潜在削減量　16億トン～/年**

【技術開発】
- 農山漁村に適した地産地消型エネルギーシステムの構築
- 作業最適化等による燃料や資材の削減
- 農林業機械や漁船の電化、水素燃料電池化

【施策】
- 産学官による研究体制の構築

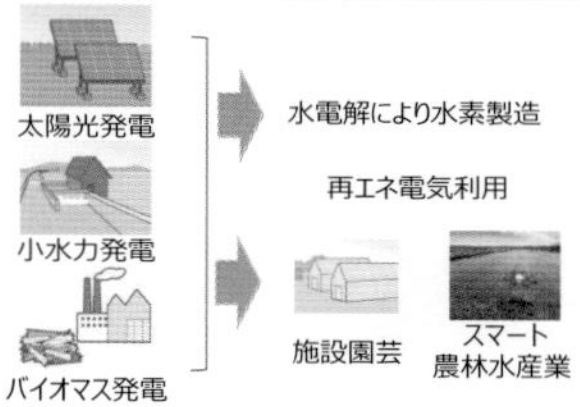

水電解により水素製造
再エネ電気利用
スマート農林水産業
農山漁村での再エネ・水素利活用イメージ

太陽光発電　小水力発電　バイオマス発電

出典：農林水産省HPを一部改編

9

食品産業の脱炭素化を目指して

1.5 クリーンエネルギーを利用した営農モデル

　太陽光・風力・地熱・水力・バイオマスといった再生可能エネルギーは、温室効果ガス（GHG）を排出せず、エネルギー安全保障にも寄与できる、重要な低炭素の国産エネルギー源です。再生可能エネルギーは温室効果ガスを排出しないことから、パリ協定の実現に貢献することができます。

　一方、資源に乏しい日本は、エネルギーの供給のうち、石油や石炭、天然ガスなどの化石燃料が8割以上を占めており、そのほとんどを海外に依存しています。特に東日本大震災後、エネルギー自給率は10%を下回っていて、エネルギー安定供給の観点から、再生可能エネルギーはエネルギー自給率の改善にも寄与することができます。

　再生可能エネルギー普及への課題としては、世界に比べて高い発電コストを低減させていく必要があります。日本でも、FIT制度（固定価格買取制度）における中長期価格目標の設定や入札制の活用、技術開発、導入助成金などによって、導入コスト低減を図っていくことが進められています。農業分野では、FIT制度を利用して、農産物と太陽光発電導入による電力の販売で成功しているところもあります。

　静岡県菊川市で茶の生産を行っている株式会社流通サービスでは、茶の被覆栽培を行っていたことから、太陽光パネル下でも栽培可能なことや、改植・新植の際の未収益期間であっても売電収入を確保できることに注目して営農型太陽光発電に取り組んでいます（**図表1. 5. 1**）。

　特に、発電設備を茶の被覆のために使い遮光率を約40%にすることで、5月は霜が降りず、夏の干ばつを防ぐことから、有機栽培にとって良好な環境を作り出しています。遮光することにより光合成が抑えられて、新芽が成長しても葉の硬化を遅らせることができます。発電設備の下部の農地面積は170aあり、発電出力は782kw

図表 1.5.1　営農型太陽光発電によるお茶栽培

出典：株式会社流通サービス

にも達します。発電設備の設置時は、静岡県茶業試験場の協力のもと、何回か試作を繰り返し、設置パネルを茶の生産に理想的な構造にすることで、省コスト、省力化を実現しています。まさに茶栽培における営農型太陽光発電の静岡モデルとなっています。

図表 1.5.2　海外に大人気の抹茶

出典：株式会社流通サービス

　また、同社は世界 40 ヵ国に直接輸出しており、茶園を訪れた海外バイヤーは、農地での再生可能エネルギーの取組みを環境価値として高く評価しています。天竜川上流で原料茶葉を碾茶^{てんちゃ}製造し、抹茶として石臼挽き加工までの一貫生産を実施し、世界の市場に提供しています（**図表1.5.2**）。

食品産業の脱炭素化を目指して

1.6 バイオマスを活用した 新エネルギーシステム

　バイオマスとは、「動植物から生まれた、再利用可能な有機性の資源（石油などの化石燃料を除く）」のことです。主に木材、海草、生ゴミ、紙、動物の死骸・ふん尿、プランクトンなどを指します。化石燃料と違い、バイオマスは太陽エネルギーを使って水と二酸化炭素から生物が生成するものなので、持続的に再生可能な資源であることが大きな特徴です。バイオマスの種類は主に「廃棄物や未利用のもの」、「資源作物」に大別されます。

　2016年にバイオマス活用推進基本計画が閣議決定され、地域に存在するバイオマスを活用して、地域が主体となった事業を創出し、農林漁業の振興や地域への利益還元による活性化につなげていく施策を推進することが目標化されました。すなわち地方公共団体において、経済性が確保された持続可能なエネルギーシステムの構築を図っていくことになります（**図表1.6.1**）。

　植田社長が率いるアーキアエナジーグループは、地域に根差した再生可能エネルギー市場を、より具体的な事業性を有するものへと推進していくために設立され、2017年に静岡県牧之原市にバイオガス発電プラントを竣工しました。また、2020年7月には、東京都羽村市に都市型バイオガス発電プラントを竣工しました。羽村市や近隣の市の食品流通業や食品製造業等の食品関連事業者から食品廃棄物を受け入れ、バイオガス発電を関連会社の西東京リサイクルセンターが運営しています（**図表1.6.2**）。都市部にあるので、特に臭気対策に注意を払っており、近隣住民とも対話を重ねています。また、地元の小中学生の社会見学も多く受け入れています。

　この発電の仕組みは、発酵不適合物とメタン発酵原料となる内容物を分別し、さらに原料をメタン発酵に適した状態に調合します。次に、嫌気状態の槽にて微生物による発酵をおこないます。微生物が有機物を分解する際に出てくる代謝物がバイオガスとなります。そこから、発電機に悪影響を及ぼす物質を除去したガスを、バイオ

ガス専焼のガスエンジンで電気エネルギーと熱エネルギーを生み出します。

　また、この工程で出る消化液を堆肥に加工し、「はむらのちから」として販売しています。地方自治体においては、エリア内の食品廃棄物を再生可能エネルギーにするというニーズが高まってきており、同社は現在3ヵ所のバイオガス発電所の立ち上げを計画しています。

図表1.6.1　バイオマスを活用した将来の取組み

（取組のイメージ）

加工施設・(農作物)小売店等へ

加工施設・小売店等へ(畜産物)

経済性が確保された一貫システムの構築

畑作農家・園芸農家

農作物残さ等

電気・熱・敷料

畜産農家

電気・熱・液肥

家畜排せつ物

食品廃棄物

バイオガスプラント

電気・熱

電気・熱

食品廃棄物・し尿

食品加工施設

小売店等へ
(製品)

地方公共団体等

市町村バイオマス活用推進計画
（バイオマス産業を軸とした地域づくり）

公共施設・小売店等

出典：農林水産省

13

図表1.6.2　西東京リサイクルセンター

出典：アーキアエナジー株式会社

食品産業の脱炭素化を目指して

1.7 水素エネルギーの将来
—グレーからグリーン水素へ

　2017年12月に、省庁横断の国家戦略として「水素基本戦略」が打ち出されました。「水素基本戦略」は、2050年を視野に入れた将来目指すべきビジョンとして、再生可能エネルギーと並ぶ、新しいエネルギーの選択肢として示されています。

　水素エネルギー利活用の視点を次に説明します（**図表1.7.1**）。

①水素は電気を使って水から取り出すことが可能であり、石油や天然ガスなどの化石燃料、下水汚泥や廃プラスチックなど、さまざまな資源からつくることができます。すなわち、多様なエネルギー資源からの利用により、エネルギー調達のリスクが減ります。

②水素は酸素と結びつけることで発電し、燃焼させて熱エネルギーとして利用することができ、その際、CO_2を排出しません。また、バイオマス燃料や再生可能エネルギーを使って水素をつくることができれば、製造から使用までCO_2を排出しないエネルギーになります。

③日本は水素エネルギーに関連した高度な技術を持っています。水素の製造・貯蔵・輸送技術・水素発電技術や水素ステーションのインフラネットワークの拡充など、水素社会の実現を進めることは、世界と比べて産業競争力の強化につながります。

　水素基本戦略で重要な項目の一つが、安価な原料を使って水素をつくることです。水素の製造方法は、大きく3つあります。安価な褐炭や未使用のガスなどを原料として使う、いわゆる化石燃料をベースとしてつくられた水素は「グレー水素」と呼ばれます。また、水素の製造工程で排出されたCO_2について、回収して貯留し、利用する技術と組み合わせることで、製造工程のCO_2排出をおさえた水素は「ブルー水素」と呼ばれます。

　さらに、再生可能エネルギーなどを使って、水を電気で分解して水素をつくる製造工程でCO_2を排出せずにつくられた水素は、「グ

リーン水素」と呼ばれます（**図表 1. 7. 2**）。脱炭素社会に向けては、「グリーン水素」の開発は、重要な戦略といえます。

図表 1. 7. 1　水素エネルギー利活用の３つの視点

出典：経済産業省　資源エネルギー庁

図表 1. 7. 2　グレー・ブルー・グリーン水素の特長

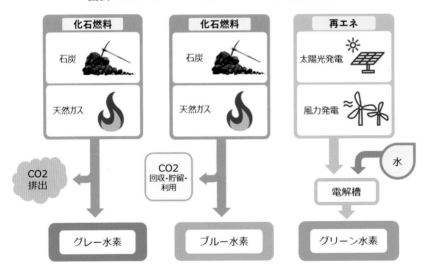

出典：経済産業省　資源エネルギー庁

食品産業の脱炭素化を目指して

1.8 CO_2 を利用するカーボンリサイクル技術－フェーズ 1,2,3

地球温暖化の原因になっているといわれる CO_2 の排出量を減らすことは、今やグローバルな課題になっています。エネルギー分野においては、CO_2 排出量の少ないエネルギー資源への転換を図ること、省エネルギーに努めることなどが大切です。加えて、CO_2 を分離・回収して地中に貯留する「CCS」、分離・回収した CO_2 を利用する「CCU」も、大気中の CO_2 を削減するための重要な手法として研究が進められています。

CO_2 を資源と捉え、素材や燃料に再利用することで大気中への CO_2 排出を抑制するする取り組みが、経済産業省が提唱する「カーボンリサイクル」です。CO_2 の利用先としては、①化学品、②燃料、③鉱物、④その他が想定されています（**図表 1.8.1**）。

① 化学品では、ポリカーボネート（熱可塑性プラスチック）といった「含酸素化合物」が考えられています。また、バイオマス由来の化学品も利用先となりえます。

② 燃料では、光合成をおこなう生き物「微細藻類」やバイオマス由来のバイオ燃料が CO_2 の利用先として考えられています。

図表 1.8.1　カーボンリサイクルの活用

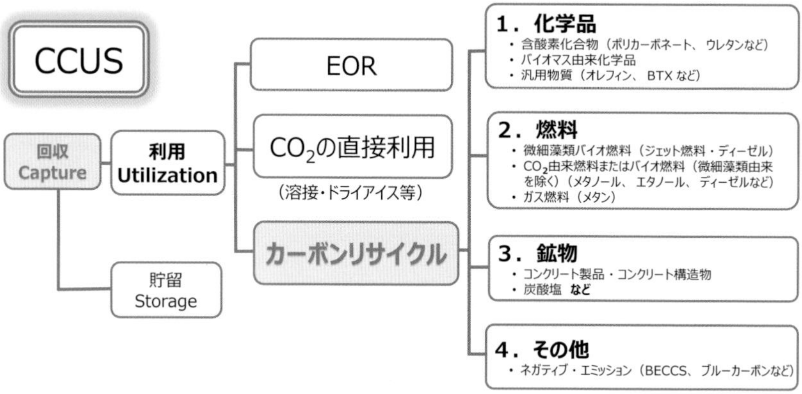

出典：経済産業省　資源エネルギー庁

16

③ 鉱物では、内部に CO_2 を吸収させるコンクリート製品やコンクリート構造物が考えられています。

④ その他として、バイオマス燃料とCCSを組み合わせる「BECCS」、海の海藻や海草が CO_2 を取り入れることで海域に CO_2 が貯留する「ブルーカーボン」などが考えられています。

　経済産業省は、各分野で研究開発が必要な技術的な課題を整理した「カーボンリサイクル技術ロードマップ」を公表しました。ここでは、2030年頃までを「フェーズ1」とし、カーボンリサイクルに役立つあらゆる技術について開発を進めるとしています。2050年頃までは「フェーズ2」として、CO_2 利用の拡大を狙います。ポリカーボネートや液体のバイオ燃料は普及しはじめ、道路ブロックなどの小さなコンクリート製品は普及しはじめると予想しています。2050年以降のフェーズ3では、さらなる低コスト化に取組みます。CO_2 を分離・回収する技術は、現状の4分の1以下のコストを目指します。ポリカーボネートなどの既存の製品は消費が拡大します。

　カーボンリサイクル技術の普及には、安価な CO_2 フリーの水素が不可欠です。現在、水素価格の低減に向けて、世界最大級の水電解装置を備えた「福島水素エネルギー研究フィールド」において、再エネからの水素製造の技術実証を行っています。同研究施設は、世界最大級となる10MWの水素製造装置と20MWの太陽光発電設備を備えた広大なフィールドです（**図表1.8.2**）。NEDO 新エネルギー・産業技術総合開発機構の委託事業として、東芝エネルギーシステムズ㈱がプロジェクト全体を取りまとめ、東北電力㈱、東北電力ネットワーク㈱、岩谷産業㈱、旭化成㈱とともに研究を進めています。

　同施設では、水素の製造・貯蔵、電力系統の需給バランス調整、再生可能エネルギー由来電力の利用、この3点の最適な組み合わせを実現するシステム制御技術の開発を行っています。気象条件に依存する太陽光発電や風力発電は出力の変動が大きいため、電力の需給バランスの調整が課題となっており、本技術が必要となります（**図表1.8.3**）。

　福島の復興の一翼を担っているという意識は、浪江町で働く研究

食品産業の脱炭素化を目指して

開発メンバーの大きなモチベーションにもなっています。加えて、水素が周知され、火力発電などと同列のエネルギーとして認められるという近未来への期待を背負って、日々研究が進められています。

図表 1.8.2　福島水素エネルギー研究フィールド

出典：新エネルギー・産業技術総合開発機構（NEDO）
ニュースリリース（2020 年 3 月 7 日）
https://www.nedo.go.jp/news/press/AA5_101293.html

図表 1.8.3　水素エネルギーシステムと供給・利活用

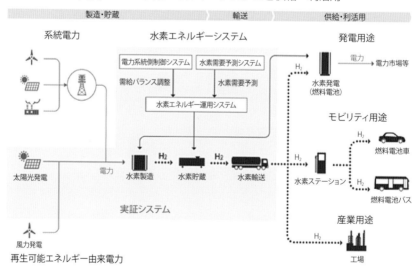

出典：新エネルギー・産業技術総合開発機構（NEDO）
ニュースリリース（2020 年 3 月 7 日）
https://www.nedo.go.jp/news/press/AA5_101293.html

2.

持続可能な
農業に向けて

一目でわかる農業のカーボンニュートラル

① メタン [CH₄] 生成の減少

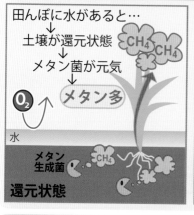

田んぼに水があると…
↓
土壌が還元状態
↓
メタン菌が元気
→ メタン多

O₂

水

メタン
生成菌

還元状態

乾いていると…
↓
土壌が酸化状態
↓
菌が弱って
→ メタン少

O₂

酸化状態

⑦ スマート農業の推進

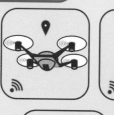

⑥ 農産物の食品ロス削減

不揃い野菜
の活用

⑤ 次世代型植物工場

② バイオ炭でのCO₂貯留

脱 CO₂

③ 有機農業の拡大

④ グリーン＆マイクロツーリズムで農村活性化

2.1 稲作・水田管理で メタンガス 30% 削減

　近年の激しい気候変動は、地球温暖化の影響とも言われています。地球温暖化は、農作物の品質に悪影響を及ぼします。高温期が続くことで考えられる農作物への影響には、①生育不良、②着色不良、③着果不良、④日焼け、⑤開花が早まる、などが挙げられます。

　コメの場合、生育期間中に温度の高い時期が長くなることにより生じるのが「白未熟粒」です。通常、精米した米はうっすらと透き通って見えますが、白未熟粒は白濁しており、食味も悪くなります。この対策として、交配による交雑育種法を用いて「白未熟粒」が発生しにくい新品種が作られ、九州から関東地方で導入が進んでいます。

　一方、水田の土壌中にはメタン生成菌が潜んでいて、稲わらなどの有機物をエサにメタン（CH_4）を発生させます。温室効果が二酸化炭素の 28 倍もあるメタンは、日本国内での発生の 45%が稲作によって発生するものです。農業・食品産業技術総合研究機構（農研機構）は、水田で発生するメタンを抑える "中干し期間の延長" と呼ばれる手法を開発しました。

　水を張った水田でも、田植え直後は土壌に多くの酸素が含まれるため、酸素があると活動できないメタン生成菌はメタンを発生することはありません。しかし、イネが呼吸のために酸素を取り込み始めると、田植えから 1 ヵ月もすると酸欠状態になり、メタン生成菌が活発にメタンを排出し始めます（**図表 2.1.1**）。

　中干しとは農家が昔から行ってきた手法で、イネの生育を調整しつつ、茎を太く根を健全に保つため、1 週間程度水田から水を抜くことです。そうすると、表面に小ひびが入る程度に土壌が乾燥し、空気が行き渡ります。この中干しにより、土壌は酸素が豊富にある状態になり、メタン生成菌の活動は抑えられます。

　農研機構は、水田から排出されるメタンの測定に、チャンバー法という手法を用い、土壌から排出されるメタン濃度を測定する方法

によって、2週間の中干し延長の効果を実証しました（**図表 2.1.2**）。こうして、全国 9 ヵ所において実証試験を実施し、新たに開発した温室効果ガス 3 成分（二酸化炭素、メタン、一酸化二窒素）を同時に分析できる測定装置を使用して土壌からのメタンの測定を行った結果、平均で 30％のメタン発生量が削減されました。

農研機構では本研究により、2019 年度「STI for SDGs」アワード優秀賞を受賞しました。この技術をアジア地域に応用することで、温室効果ガスの削減を目指したいとの将来展望を考えています。

図表 2.1.1 稲作に起因するメタンの発生メカニズム

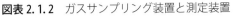

出典：国立研究開発法人 農業・食品産業技術総合研究機構

図表 2.1.2 ガスサンプリング装置と測定装置

出典：国立研究開発法人 農業・食品産業技術総合研究機構

食品産業の脱炭素化を目指して

2.2 炭を使った農地改良で
土壌の CO_2 吸収・貯蔵

　バイオマスとは、再生可能な生物由来の有機性資源です。石油等化石資源は、地下から採掘すればいずれ枯渇しますが、植物は太陽と水と二酸化炭素があれば、持続的にバイオマスを生み出すことができます。

　このようなバイオマスを燃焼させた際に放出される二酸化炭素は、化石資源を燃焼させて出る二酸化炭素と異なり、生物の成長過程で光合成により大気中から吸収した二酸化炭素であるため、バイオマスは大気中で新たに二酸化炭素を増加させない「カーボンニュートラル」な資源といわれています。

　農地・草地土壌への炭素貯留は、本来ならば分解され大気中に放出されるはずであった炭素を土壌中に閉じこめる行為としてとらえられ、森林等とともに温室効果ガス吸収源のひとつとして国際的に認められています。農地土壌炭素吸収源対策は、CO_2 排出量を削減することから、地球温暖化対策計画にも位置づけられています（**図表 2. 2. 1**）。

　バイオマスを炭にしたバイオ炭が開発され、これをバイオ炭の農地へ施用することにより、土壌改良や保水性向上を図ることができます。この土づくりを行うことにより、農地・草地土壌による炭素貯留量が増加します。バイオ炭は、350℃超の温度でバイオマスを加熱して作られる固形物で、分解されにくいため効率良く炭素貯留が可能です。

　明和工業株式会社は、バイオマス炭化装置を開発し、穀物貯蔵乾燥施設等に提供しています。また、稲を収穫し脱穀した後、大量に発生する籾殻をバイオ炭にしています。同社の連続式炭化装置の特徴としては、炭化収率が高い（灰の発生が低い）、発生する炭の状態が良い（原料形状を保持）、均一に炭化されている（ムラがない）、操作性が良い（自動制御可能）、運転中の煙はほぼ発生しない、排熱利用が可能（サーマルリサイクル）などのメリットがあります（**図**

表 2.2.2)。なお同社は、2019 年より海外でのバイオマス炭化装置の活用による耐干ばつ特化型農業資材の普及・実証・ビジネス化事業を実施しています。

図表 2.2.1　農地・草地土壌の炭素モデル

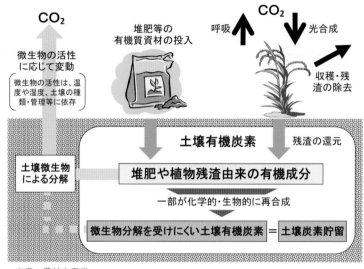

出典：農林水産省

図表 2.2.2　連続式炭化装置

出典：明和工業株式会社

食品産業の脱炭素化を目指して

2.3 有機農業の拡大に向けて　国と地域の取組み

　世界ではコーデックス委員会が、「有機農業は、生物の多様性、生物的循環及び土壌の生物活性等、農業生態系の健全性を促進し強化する、全体的な生産管理システム」と表明しています。

　また日本において有機農業とは、化学的に合成された肥料及び農薬を使用しないこと、並びに遺伝子組換え技術を利用しないことを基本として、農業生産に由来する環境への負荷をできる限り低減した、農業生産方法と定義されています。しかし、日本は世界に比べ有機農業の生産高は、まだまだ低いというのが実情です（**図表2.3.1**）。このことから、農林水産省は、「みどりの食料システム戦略」として本格的に有機農業を進めようとしています。

　また、化学的な肥料や農薬は、生物に対しても良い影響を与えないばかりか、その製造過程で CO_2 を排出するので、これらを削減していくことは、地球温暖化対策にとって意味のあることです。世界人口が増え続けていく中、化学農薬の使用を最小限に抑えつつ、生産力を強化して土地の生産性を高める農業が求められています。農業での化学薬品の使用を減らしてほしいという声は、小売業界、NGO、消費者からも上がっています。また、環境保全や動物福祉を訴え、こだわって作られた自然食品などの商品にお金をかける消費者が増えています。

　2015 年に「いすみ生物多様性戦略」を策定した千葉県いすみ市は、有機稲作に本格的に取り組み、2017 年には市内のすべての小中学校の給食を有機米に切り替えました。2018 年には有機野菜も採り入れ、今ではキャベツやニンジンなど 8 品目に増え、給食に使う野菜の 2 割が有機野菜になっています。また、いすみ市農林課が中心となって、市内生産者のネットワークである、有機野菜連絡部会を運営し、有機野菜を使った学校給食に取り組んでいます（**図表2.3.2**）。

図表 2. 3. 1　有機農業の取組みについて

耕地面積に対する有機農業取組面積と面積割合 (2018年)

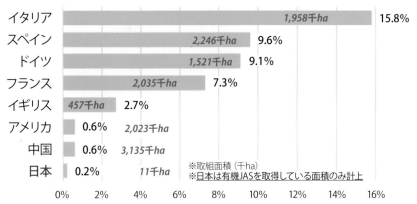

- イタリア　*1,958千ha*　15.8%
- スペイン　*2,246千ha*　9.6%
- ドイツ　*1,521千ha*　9.1%
- フランス　*2,035千ha*　7.3%
- イギリス　*457千ha*　2.7%
- アメリカ　0.6%　*2,023千ha*
- 中国　0.6%　*3,135千ha*
- 日本　0.2%　*11千ha*

※取組面積 (千ha)
※日本は有機JASを取得している面積のみ計上

0%　2%　4%　6%　8%　10%　12%　14%　16%

※FIBL & IFOAM　The World of Organic Agriculture statistics & Emerging trends 2020をもとに、農業環境対策課作成
出典：農林水産省

図表 2. 3. 2　学校給食へ地場産有機野菜を導入

通常の給食野菜の流れ

- 青果店
- 県学校給食会
- 学校給食センター

青果市場の野菜が安定的に供給されるシステム
→地産地消は県内産がメイン
→地元野菜は供給できない！

学校給食有機野菜供給体制構築事業 2018年～

○給食センターの現体制で無理なく使用できる品目から優先

2021年度は、有機ニンジン、有機コマツナ、有機メークイン、有機タマネギ、有機ニラ、有機ネギ、有機ダイコン、有機キャベツ

いすみ産有機野菜の流れ

品目選び～作付け、納入まで、定例会で協議

- 有機野菜部会
  市内生産者のネットワーク
  事務局：いすみ市農林課
  ベテラン農家　○　若手農家
  地域振興(学校給食)と
  農業振興(経営向上)
- 直売所
- 学校給食センター

作付け・出荷調整会議
一括配送

出典：千葉県いすみ市役所

食品産業の脱炭素化を目指して

2.4 グリーン&マイクロ
ツーリズムで農村活性化

　日本は人口減少していますが、特に地方において農業従事者は高齢化してきており、この10年で70万人も減少しています。そのため、地域コミュニティや地域活力の低下がみられます。そのことは地域の環境の荒廃を引き起こし、スマート農業などの新しい時代への対応を難しくします。

　このため、農林水産省では、農山漁村の持つ豊かな自然や「食」を活用した「子ども農山漁村交流プロジェクト」、地域資源の活用やボランティアを取り込んだ「グリーン・ツーリズム」などの都市と農村の共生・対流を総合的に推進し、地域活性化に力を注いでいます。特に「農家ホームスティ」や「農林業体験」などを提供するなど、滞在中に食事や農業体験など地域資源を活用した様々な観光コンテンツを提供して消費を促しています（**図表2.4.1**）。

　一方コロナ渦で、遠隔地の宿泊型であるグリーン・ツーリズムに人が集まりにくいという問題が発生しています。そこで、自宅から1〜2時間圏内の地元、または近隣への宿泊観光や日帰り観光を指す「マイクロツーリズム」が注目されています。商圏内の人口規模が小さい地域もありますが、繰り返し利用してもらう仕組みを持つことで、持続可能で安定したマーケットになるといわれています。

　静岡県では、農地や景観、地域に伝わる伝統文化等の地域資源を活用し、次世代に継承する活動を行う集落等を「美しく品格のある邑（むら）」として登録し、環境、社会、経済のバランスと継続性が伴った『持続可能な農村』に向けて支援を行っています。2021年に県内3カ所で実施した「農村マイクロツーリズム」は、農村地域近隣住民が、食や農、文化などの体験や地域の方々との交流を通じて、地域の支援者となるきっかけづくりを目的とした体験ツアーです。

　富士宮市猪之頭地区は、富士山の湧水が地域のいたるところに湧き出て、清らかな小川の流れる景観豊かな農村です。2021年11月に、富士宮市在住者10名が、美しい湧水群や森を散策、クレソ

ンの摘み取りや圃場整備水田散策などの体験を行いました（**図表2.4.2**）。「体験プログラムはとても楽しい」、「今後も身近なツアーに参加したい」との感想が寄せられました。

このように、グリーン＆マイクロツーリズムにより人が集まることで、地元の雇用が増えて農村の活力創造になるだけではなく、参加者の農山漁村へのＵターンやＩターン、または農村に住みながらの「ワーケーション」が増加することも期待されています。

図表 2.4.1　農泊（農山漁村滞在型旅行）

ホテル・旅館
農家民泊
廃校を活用した宿泊施設（簡易宿所等）
農家民宿（簡易宿所）
古民家ステイ（簡易宿所）
民泊

郷土料理
外部料理人のアイデアを加えた創作メニュー
ジビエの活用
農家レストラン

宿泊 → **食事**
滞在中に楽しむ
体験

① 直売所のみだと...
滞在時間：短 → 「通過型観光」
直売所 → 都市部ホテル
利益は限定的

② 宿泊を加えると...
滞在時間：長 → 「滞在型観光」
直売所 → 宿泊施設 → その他施設
地域全体に利益

農業体験
サイクリング
景観（棚田）
文化財
自然公園トレッキング
魚市場

出典：農林水産省

図表 2.4.2　富士宮市猪之頭地区の「農村マイクロツーリズム」

出典：静岡県経済産業部農地局農地保全課、富士農林事務所

食品産業の脱炭素化を目指して

2.5 環境面、効率性を向上させた次世代型植物工場

　日本では、最近の健康志向によりサラダの1人当たりの購入金額は、増加の一途をたどっています。レタスやサラダ菜、ミニトマト等の生鮮野菜を安定的に供給する新しい農業生産システムとして、植物工場が技術を進化させながら増加しています。

　植物工場は、人工光型植物工場と太陽光併用型植物工場があります。人工光型植物工場は、LEDなどの人工光源を用いて、太陽光を遮蔽して光合成を行わせるため、完全閉鎖系とも呼ばれています。人工光源の下でラックを積んで栽培するため、温度・湿度をコントロールしつつ、狭い敷地で多くの作物ができますが、電気代の負担があります。

　一方、太陽光併用型植物工場は、太陽光を活用して大規模な農作物生産を行い、太陽光が強い時期には消費電力を削減できます。しかし、完全な安定供給ができにくく、広大な敷地が必要です。

　株式会社スプレッドは2007年に、当時では世界最大規模の日産2トンのレタスを生産する人工光型植物工場・亀岡プラントを稼働しました。温度や湿度、CO_2などを常にコントロールした室内で、LED照明などの人工光と栄養分を含んだ水を用いて水耕栽培で野菜を育てます。播種⇒緑化⇒育苗⇒生育⇒収穫まで、約40日です。

　同社は、亀岡プラントのノウハウを活用して、次世代型農業生産システム「Techno Farm」を開発し、2018年には、このシステムを導入した自動化植物工場「テクノファームけいはんな」を始動しました（**図表2.5.1**）。ロボティクスやIoT、進化した設備技術を駆使して、日産3トンのレタスを安定的に生産する世界最大規模の自動化植物工場です。栽培の自動化や高度な環境制御技術などにより生産性を向上させながら、環境負荷低減や消費電力の削減を実現しています。特に栽培に使用する水をろ過し、循環するシステムに加え、レタスから発生する蒸散水も集めて再利用することで、露地栽培と比べ水使用量を約1/100に低減しました（**図表2.5.2**）。

また、生産したレタスを植物工場野菜「ベジタス」としてブランド化し、サステナブルなベジタブルをコンセプトに、全国約5,000店舗にて展開しています（**図表2.5.3**）。徹底した品質管理のため、一般生菌数が少なく、露地栽培に比べて長持ちする傾向にあり、食品ロスの観点からもメリットがあります。

図表 2.5.1　テクノファームけいはんな

出典：株式会社スプレッド

図表 2.5.2　レタスの水耕栽培

出典：株式会社スプレッド

図表 2.5.3　ベジタス

出典：株式会社スプレッド

食品産業の脱炭素化を目指して

2.6 ふぞろい農産物の
見直しで食品ロス削減

　「食品ロスの削減の推進に関する法律」（略称 食品ロス削減推進法）が、2018 年 10 月に施行されました。世界には栄養不足の状態にある人々が多数存在する中で、大量の食料を輸入している日本としては、①食べ物を無駄にしない意識の醸成、②まだ食べることができる食品については、廃棄することなく活用することが明記されています。

　農家が生産する段階で、S や M、L といった一定の大きさに合わない野菜を「規格外野菜」とし、販売せずに処分してしまうものがあります。ちなみに、規格外野菜は捨てられずに青果卸売業者や食品加工業者が低価格で買い取ることがありますが、活用しきれていないことも多い状況です。

　1988 年に創業した食品宅配サービス「らでぃっしゅぼーや」の取組みに『ふぞろい Radish』があります。作り手支援や食品ロス削減を目的に、新鮮さとおいしさを担保し、色・形・サイズなど多様なふぞろいの野菜や水産物を取り扱うサービスで、2021 年の取組み開始以来、食品ロス削減＆生産者支援量は約 355 トンに達しています（2022 年 10 月時点）。同社は、従来の小売流通の概念にとらわれない多彩な規格外食材を展開しています。

　「ふぞろい＝規格外」になる理由は食材の特性やその時々の生育環境・製造工程によってさまざまです。購入時の判断材料となるふぞろいの理由は、サイズ違い、形がいびつ、色むらや変色、傷あり品などがあります（**図表 2.6.1**）。品質は正規品と同じ、厳しい独自の環境保全型生産基準 RADIX を守っています。鮮度を重視し、しなびた見切り品は届けません。さまざまな規格外品との出会いを通じ、自然の豊かさや多様な食材の個性に触れる新しい食の体験を届けています。

　代表的なヒット商品が「ふぞろいセロリの野菜だし」です。出荷時にはじかれるセロリの幼葉や芯を活用したアップサイクル品で、どんな料理にも合う優しい旨みと香りです（**図表 2.6.2**）。

図表 2.6.1　従来は廃棄されていた食材の活用

サイズ　小さめの玉ねぎ

形　鬼花トマト

色　青春色づきミニパプリカ

キズ　わけありネーブル

注：販売商品は時期によって変更になる可能性があります
出典：オイシックス・ラ・大地株式会社

図表 2.6.2　ふぞろいセロリの野菜だし

出典：オイシックス・ラ・大地株式会社

食品産業の脱炭素化を目指して

2.7 IoT、AI、スマホを駆使するスマート農業

　スマート農業とは、ロボット技術や情報通信技術（ICT）を活用して、省力化・精密化や高品質生産を実現することを推進している新たな農業のことです。日本の農業の現場では、依然として人手に頼る作業や熟練者でなければできない作業が多く、省力化、人手の確保、負担の軽減が重要な課題となっています。

　そこで、日本の農業技術に先端技術を駆使した「スマート農業」を活用することにより、農作業における省力・軽労化を更に進めることができるとともに、新規就農者の確保や栽培技術力の継承等が期待されます。次にスマート農業の効果の例を紹介します。

　まず、ロボットトラクターですが、目視できない条件下で、無人のロボット農機がほ場間を移動しながら、連続的かつ安全に作業できる技術が開発されています。関係者以外の進入を制限したブロック内で、農道等を跨いだ「ほ場間移動」を行うことも可能です。

　和同産業株式会社は、草刈りをしたい場所にエリアワイヤーを設置し、磁場を発生させてセンサーで読み取ることで、エリア内をランダムに走行しながら草刈りを自動で行う自動草刈りロボット「ロボモア」を提供しています（**図表 2.7.1**）。専用アプリでスマートフォンと連動し、機体状況確認（バッテリー残量・稼働履歴）や、リモコン操作が可能となっています。果樹園の下草刈りとして、超音波センサーで障害物を検知し、緩斜面（最大 20 度）の除草作業が可能です。

　株式会社オプティムは、環境にやさしい農薬散布技術を開発しました。その仕組みは、ドローンなどがほ場の上を飛行して撮影を行います。撮影された画像と、病害虫が発生している画像を、AI を用いて比較判定を行い、発生地点にて農薬散布機能を駆動します。これにより、病害虫が発生している地点のみ、ピンポイントで農薬を散布することができます。栽培のムラを防ぐとともに、農薬使用量を大幅に減らすことができ、環境負荷が低減できます（1/10 程度：

企業公表値）。また、同様にピンポイントで肥料を撒くこともできます。場所ごとに施肥（せひ）の量を変えることができるので、環境負荷が低減できます（**図表 2.7.2**）。

図表 2.7.1　りんご園での自動草刈りロボット

出典：和同産業株式会社

図表 2.7.2　ピンポイント農薬散布技術

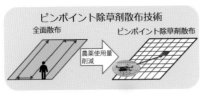

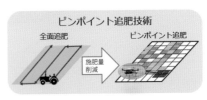

出典：株式会社オプティム

食品産業の脱炭素化を目指して

協和株式会社のハイポニカ事業本部は、豊橋技術科学大学・愛媛大学の技術シーズを基に「光合成蒸散リアルタイム計測システム」を開発しました。トマトの個体全体の光合成および蒸散の速度を計測できるシステムです（**図表 2. 7. 3**）。

　その構造は、2株ほどの植物をビニールで囲い、下から上へ気流を作り、上部下部それぞれの CO_2 と H_2O の濃度を計測します。センサー BOX はクラウドと接続されており、リアルタイムで植物個体全体の光合成の実態とその変化を把握できるので、作物生産や栽培管理の効率化に応用できます。

　水ストレスが生じて気孔が閉鎖し、光合成が低下傾向にあるときは、自動で細霧発生装置を用いた加湿、遮光カーテンを用いた入射太陽光の低減、水やりの頻度・量を増やすなどを行い、一般の農家も光合成を最大化させるための栽培管理に活用できます。この仕組みはトマト以外にも、ナス・キュウリ・ピーマンなど施設栽培にも適用が可能で、現在同社は全国でレンタルサービスを実施しています。

図表 2. 7. 3　光合成蒸散リアルタイム計測システム

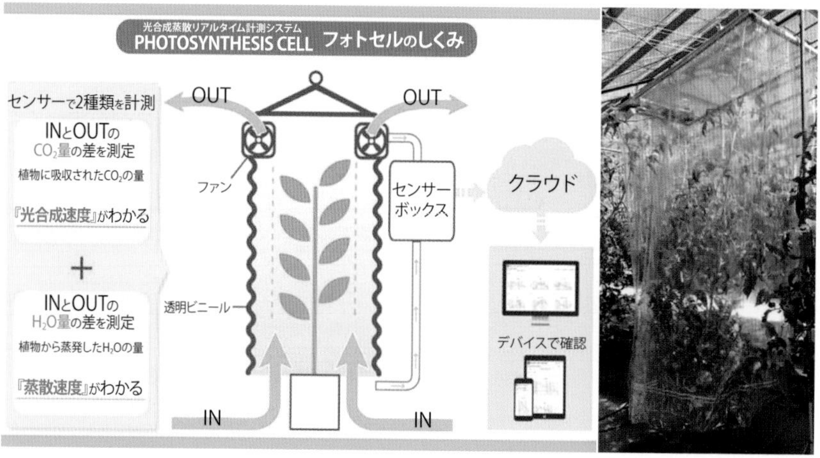

出典：協和株式会社

3.

持続可能な
畜産業に向けて

一目でわかる畜産業のカーボンニュートラル

① 森林伐採と畜産業の環境問題

森林の伐採 → 放牧の環境影響 → 土壌の劣化

⑤ 培養食料の進展

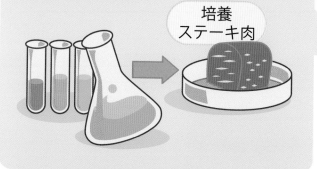

培養ステーキ肉

④ 昆虫食で蛋白質摂取

Cricket flour　Kaiko

カイコ

コオロギパウダー

② 畜産による温室効果ガス

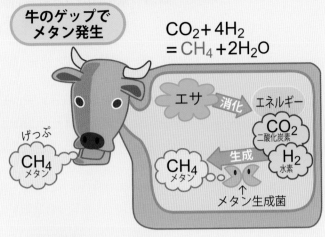

牛のゲップでメタン発生

$$CO_2 + 4H_2 = CH_4 + 2H_2O$$

エサ → 消化 → エネルギー

CO_2 二酸化炭素
H_2 水素

生成

CH_4 メタン ← メタン生成菌

げっぷ
CH_4 メタン

家畜の糞尿処理

脱 CO_2

③ プラントベース食品の進展

100% VEGE

SOY MEAT NUGGET

肉類不使用

3.1 森林伐採と畜産業の 環境に与える負の循環

　気候変動の要因である温室効果ガスのうち、23% が農業畜産業から排出されているというデータがあります。また、2011 年には畜産・酪農を含めた農業分野から二酸化炭素（CO_2）換算で 5.3 億トン以上が排出されており、1961 年の 2.3 億トンから増加傾向にあります（**図表 3. 1. 1**）。

　農地造成のための森林伐採が、農業と環境破壊の関係として挙げられます。山々を削り、農地や牧草地を生み出す過程で多くの森林が伐採され、気候変動につながっています。さらに、森林を焼くことで、養分となる窒素や炭素を含む灰を作るという目的で、いわゆる「焼畑」が行われています。世界では毎日のように多くの森林が、農業や都市開発といった、人間の生産活動により失われています。このままだと、世界の熱帯雨林は 100 年で消滅すると予測されています。

　こうした過剰な森林伐採と土地開発の背景には、急速な世界人口の増加があります。食糧の生産は、人口が増えれば、生産量を増やす必要があるからです。そうした需要が、環境に負の影響を与えています。

　さらに、食肉の消費量が増え続けている側面もあります。食肉を生産するためには、その飼料として大量の穀物が必要である上に、牛や豚などを放牧する広大な牧草地が必要です。また、そうした飼料作物に必要な大量の水資源や輸送も必要であり、食肉生産の過程で多くの温室効果ガスを排出しています。このように多くの飼料や資源を使い、温室効果ガスを排出して生産される肉類は、地球環境面において大きな課題です（**図表 3. 1. 2**）。

　ニュージーランドは 2022 年 10 月に、地球温暖化をもたらすメタンの排出量を削減する取組みとして、牛やヒツジを飼育する農家に、「げっぷ税」を課す草案を発表しました。同国では、人口の 2 倍の牛、5 倍のヒツジが飼育されており、そこから排出される温室

効果ガスは、国の排出量全体の約半分に相当します。2025年に課税を始め、税収は農家を支援する研究や補助金に充てられる予定です。

図表 3.1.1　温室効果ガスの排出量の推移

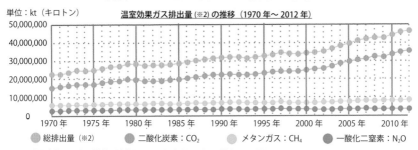

※1：世界全体での化石燃料の消費量から、温室効果ガスの排出量を試算している。
※2：温室効果ガス全体ではなく、CO₂、CH₄、N₂Oの3つを合わせた値

出典：Global News View（GNV）2018年1月
　　　「農業と環境：現代農業が抱えるジレンマとは？」Yosuke Tomino 著

図表 3.1.2　家畜由来の温室効果ガス

排出源別の割合

温室効果ガスの総排出量(※1)
49.0ギガトン
(CO2換算)

家畜由来
14.5%

家畜由来
7.1ギガトン
(CO2換算)

41.0%

20.0%

9.0%

8.0%

8.0%

6.0%

8.0%

牛肉　　乳製品（乳牛）　　豚　　水牛　　鶏　　羊・ヤギ等の反芻動物　　その他

※1：2006年発行の報告書「Livestock's long shadow」を取り上げた、FAOの記事で示されたデータ「14.5%=7.1ギガトン」を用いて、総排出量を試算している。

出典：Global News View（GNV）2018年1月
　　　「農業と環境：現代農業が抱えるジレンマとは？」Yosuke Tomino 著

食品産業の脱炭素化を目指して

3.2 温室効果ガス削減は
家畜飼料の改善から

　世界の温室効果ガスの総排出量のうち、農業全般からの排出は10～12%程度で、そのうちの畜産に起因する温室効果ガス排出量は、約65%に達すると推定されています。また、牛の胃に棲む微生物が飼料を分解する過程でメタン（CH_4）が発生します。牛の呼気として排出される CH_4 は、CO_2 換算で農業から排出される温室効果ガスの約40%を占めます。

　次に多いのは、家畜から排せつされたふん尿を処理する過程で発生する一酸化二窒素（N_2O）です。なお、N_2O は CO_2 の約300倍の温室効果があります。また、牛、豚、鶏などの家畜には生産効率を高めるため、トウモロコシなどの穀物や、大豆粕など栄養価の高い飼料が与えられています。さらに、ほ場に散布した処理済のふん尿や化学肥料の窒素分に由来して発生する N_2O や、機械を稼働するときに使用する化石燃料の燃焼に伴う CO_2 などがあります（**図表3. 2. 1**）。

　農業・食品産業技術総合研究機構は、農水省の委託プロジェクトで、N_2O や CH_4 といった温室効果ガスの排出量削減に向けて革新的な技術開発に取り組んでいます。このプロジェクトで開発した技術として、ふん尿由来の N_2O 削減技術があります。牛に必要以上のたんぱく質を与えると、ふん尿として排せつされる窒素が増え、その処理過程で発生する N_2O も増えることになりますが、最近の研究で、肥育牛の窒素排せつを削減し、N_2O 発生を低減するアミノ酸バランス改善飼料を開発しました。この飼料によって N_2O のもとになる窒素排せつ量を15%以上削減することに成功しています。

　排せつ物の浄化処理では、炭素繊維を使う生物膜法を開発しました。微生物が付着しやすい炭素繊維を用いることで、N_2O の排出が抑制され無害な窒素ガスにして排出します（**図表3. 2. 2**）。このように畜産由来の温室効果ガス削減に向けて、実用的な技術が開発されてきています。

図表 3.2.1 酪農における温室効果ガスの排出

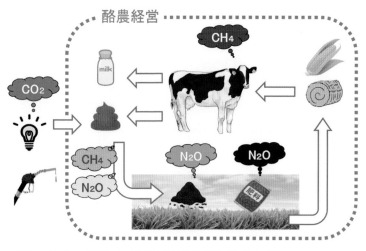

出典：日向貴久、酪農における温室効果ガス排出と削減に向けて
　　　酪農 PLUS⁺、2021.10、図1　酪農学園大学社会連携センター

図表 3.2.2 排せつ物の浄化処理で温室効果ガス削減

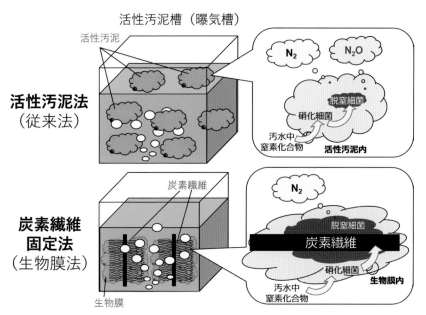

出典：国立研究開発法人 農業・食品産業技術総合研究機構

食品産業の脱炭素化を目指して

3.3 たんぱく摂取における
プラントベース食品

　最近は、多様な消費者ニーズを反映し、動物性原材料ではなく、植物由来の原材料を使用したたんぱく摂取の食品が増えています。プラントベース食品は、このような植物由来の原材料を使用し、畜産物や水産物に似せて作られていることが特徴です。

　これまでに、大豆や小麦などから、肉・卵・ミルク・バター・チーズなどの代替となる加工食品が製造・販売されています。また、一部の飲食店においてメニューとして提供などもされています。プラントベースとは、野菜や果物、ナッツや豆類などからできた植物性の食事を選択するスタイルのことを指します。そのため、プラントベース食品は肉や魚、乳製品や卵といった動物性食品は一切含んでいません。食肉は、地球人口の増大に伴い、将来的に供給が足りなくなるといわれています。そのため、プラントベース食品は食肉の供給を補う役割が期待されています。

　DAIZ株式会社は、熊本県に本社を置く、植物肉の開発・販売を手掛ける日本のベンチャー企業です。創業当時、国内外において既存の植物肉は、大手食用油メーカーが油を搾ったあとの大豆粕を原材料としており、栄養価やおいしさを損なうというデメリットがありました。そこで発芽の力に着目し、大豆に与える酸素や二酸化炭素の濃度、温度、水の量を加減することで、肉の成分に近づけることに成功しました。それにより、酵素活性と分解反応速度が急激に上がり、遊離アミノ酸量を一気に増加させていきます。これが落合式ハイプレッシャー法であり、同社製造の基本原理になっています。

　DAIZではタンクの中で大豆を密集させて発芽させます。そうすると発芽タンクの中では大豆の温度がどんどん上昇していき、大豆の生体内では厳しいストレスに対応するために、分解酵素や合成酵素がフル稼働して、猛スピードで代謝が促進していきます（**図表3.3.1**）。

　この技術をコアとして、植物肉を開発しています。特殊な機械（エ

クストルーダー）を使い、高い圧力で発芽大豆を練り込んで肉の筋繊維を再現します。DAIZ では、これまで大豆品種や落合式ハイプレッシャー法に基づく発芽条件を変えて、うまみ成分のバランスを変える研究を続けてきました。この膨大なデータベースを活用し、鶏肉や豚肉、牛肉、魚肉の味にそっくりな組み合わせを導き出し「おいしい植物肉」の開発を進めています（**図表 3.3.2**）。

図表 3.3.1　大豆の発芽タンク

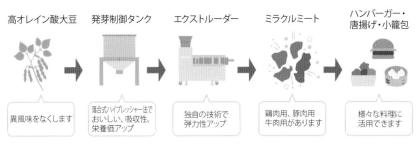

出典：DAIZ 株式会社

図表 3.3.2　ミラクルミートの開発

高オレイン酸大豆	発芽制御タンク	エクストルーダー	ミラクルミート	ハンバーガー・唐揚げ・小籠包
異風味をなくします	落合式ハイプレッシャー法でおいしい、吸収性、栄養価アップ	独自の技術で弾力性アップ	鶏肉用、豚肉用牛肉用があります	様々な料理に活用できます

出典：DAIZ 株式会社

食品産業の脱炭素化を目指して

3.4 脱 CO_2 に向けた昆虫食の普及の可能性

近年では環境問題や食糧危機を救う1つの方法として、昆虫食が注目されています。2013年に国際連合食糧農業機関（FAO）が「昆虫食の普及および昆虫を家畜の飼料にすることを推し進め、世界の環境問題と食糧危機を解決へ近づけていく」という旨の報告書を公表したことがきっかけになっています。

地球上における温室効果ガス排出量の18％は畜産によるものであり、今後もさらに増加していくと推測されています。栄養価が高い上に個体数が多い、かつ収穫に日数がかからない昆虫は、環境負荷を最低限に抑えながら食糧危機も救うとして、また地球温暖化対策としても世界中から大きな期待が寄せられています（図表3.4.1）。

また日本を含めた多くの国々では年間13億トンにも上る食品ロスが発生しており、その量は全世界で生産されている食品の約3分の1に相当します。コオロギは雑食の昆虫であるため餌の制限が少なく、世界中で発生している食品ロスを餌として飼育することが可能です。

これらの特徴から株式会社グリラスは、捨てられるはずの食品ロスを新たなタンパク質へと循環させることのできる食用コオロギを、循環型の食品〝サーキュラーフード〟と位置付け、食用コオロギ関連事業を行っています。その代表的な製品が、C. TRIA（シートリア）グリラスパウダーとエキスです（図表3.4.2）。

グリラスでは「C. TRIA」を、コンビニエンスストアをはじめとした小売店や、自社ECサイト「グリラスオンライン」等にて展開しています。現在は「2021年日経優秀製品・サービス賞 日経産業新聞賞」を受賞した2種の菓子に加え、主食主菜となるカレーやパンを取り扱っています（図表3.4.3）。

図表 3.4.1　畜産とコオロギの環境負荷比較

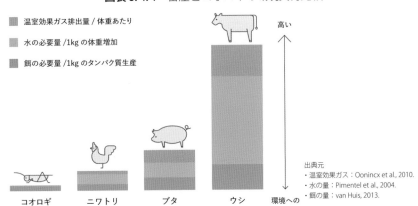

■ 温室効果ガス排出量 / 体重あたり
■ 水の必要量 /1kg の体重増加
■ 餌の必要量 /1kg のタンパク質生産

高い

環境への
負荷が低い

コオロギ　　ニワトリ　　ブタ　　ウシ

出典元
・温室効果ガス：Oonincx et al., 2010.
・水の量：Pimentel et al., 2004.
・餌の量：van Huis, 2013.

出典：株式会社グリラス

図表 3.4.2　サーキュラーフードのコオロギパウダー

C. TRIA Originals グリラスパウダー　　　　C. TRIA Originals グリラスエキス

出典：株式会社グリラス

図表 3.4.3　C. TRIA（シートリア）シリーズ

出典：株式会社グリラス

食品産業の脱炭素化を目指して

3.5 細胞培養による食肉生産の技術動向

　人口増加に伴う食肉需要の増加や食生活の多様化を背景に、培養肉への期待が高まっています。培養肉とは、動物の細胞を培養により増やし、増やした細胞を用いて組織形成することにより作られる、新しい食肉です。

　培養肉は細胞をウシやブタ、トリなどから採取し、増やした細胞を用いて組織を形成することで作られます。培養肉は少量の組織から採取した細胞を何倍にも増やしてから作るため、食肉のために犠牲となる動物を減らすことができます。また気候変動に左右されない肉生産が可能であり、省スペース・省資源で作ることができることから、CO_2削減に大きなメリットがあります。

48

　ここでは、培養肉の生産工程を大きく4つに分類して解説します（図表3.5.1）。

【細胞採取】種細胞

　培養肉をつくるには、起点となる種細胞が必要です。動物からこの種細胞を採取して培養することで、本来と変わらない肉をつくることが可能になります。培養サーモンやエビなど魚の細胞水産業も、試作品レベルで既に実現しています。現在は無限に増殖できる幹細胞が種細胞として注目されていますが、技術難度の高さやコスト等が課題になっています。

図表 3.5.1　培養肉の生産工程

出典：特定非営利活動法人日本細胞農業協会

【育成】培地

　細胞を生育する液体が「培地」です。培地は栄養源となる基礎培地と増殖を促進する成長因子からできています。研究レベルでは、成長因子として家畜の胎仔（たいし）から採取された血清を用いています。しかし、大量生産には向かないため、動物血清に代わる成分の研究開発や培地のリサイクルなどが進んでいます。

【大量生産】スケールアップ

　大規模な細胞培養を可能にするのが、バイオリアクターです。温度や酸素濃度を適切に制御したり、pHや代謝物をモニタリングすることで安定した生育を可能にしています。現在、世界中で大規模培養設備が研究開発されています。

【成形】足場・立体化

　現在の培養肉は、多くはミンチ状です。ステーキ肉をつくるためには、立体化とお肉特有の噛み応えを実現する技術が必要です。そのために、細胞が培養するための基盤である「細胞足場（生体内ではコラーゲンが役割を担う）」と呼ばれる、細胞の向きを揃えて生育を促進する素材が必要となります。現在は、多様な素材開発や3Dプリント技術などの研究が進んでいます。

　しかしながら、これらの技術的課題やコスト面の課題から、日本ではまだ実用化には至っていません。また、培養肉は試食レベルでは2013年から食されていましたが、新しい食品でもあり、技術的な課題の他に、人々が抵抗感を抱くかもしれないという受容性の課題があります。そのため、人々がどのような新しい食肉を望んでいるか、どのような懸念や不安を抱いているかを調べ、開発に活かすことが重要です。

　2022年8月29日に、日本細胞農業協会と培養食料研究会の共催で、「第4回細胞農業会議」が開催されました。ここでは、日本を代表する研究者による培養肉セミナーがあり、最新の技術動向が報告されました。その中で、東京大学大学院の竹内昌治教授と東京女子医科大学の清水達也教授の最新動向報告を紹介します。

竹内教授の発表は、2022年3月に、国内の研究機関で初めて培養肉を試食した実験についてです。これまでの培養肉研究では、主に医薬品を用いて作製されていたのでそのまま食べることは難しく、また「ヒトを対象とした実験」となり、大学が定めた倫理審査専門委員会の承認を得る必要がありました。そこで、「食用血清」と「食用血漿ゲル」を独自に開発し、食用可能な素材のみで「培養肉」を作製することに成功しました。これらの成果のもとに、倫理審査専門委員会から、「培養肉」の試食に関する実験の承認を得ることができました。

　これにより、人による官能評価が可能になったことで、味、香り、食感などの「おいしさ」に関する研究開発が大きく進展し、肉本来の味や食感を持つ「培養ステーキ肉」の実現に一歩近づきました。試食結果では、やや鉄分が足りないことや、今後は分厚い肉で試食するなどの課題が報告されました（**図表 3. 5. 2**）。

　清水教授の発表は、培養液に関するテーマでした。培養液の基本栄養素は穀物由来であり、家畜の飼料同様に穀物栽培に必要な肥料や農薬生産に伴う環境負荷が問題となってきます。そこで藻類を培養肉生産プロセスに用いることを着想しました。すなわち、藻類を加水分解して得られる栄養素を用いて動物筋細胞を培養、さらにその培養廃液をリサイクルして藻類を培養することで循環型の細胞培養システムを構築し、サステナブルな培養肉生産につなげることを目指しています（**図表 3. 5. 3**）。

引用：第4回細胞農業会議 要旨集

図表 3.5.2　培養ステーキ肉

出典：東京大学大学院 情報理工学系研究科 竹内昌治教授

図表 3.5.3　藻類を使った循環型細胞培養システム

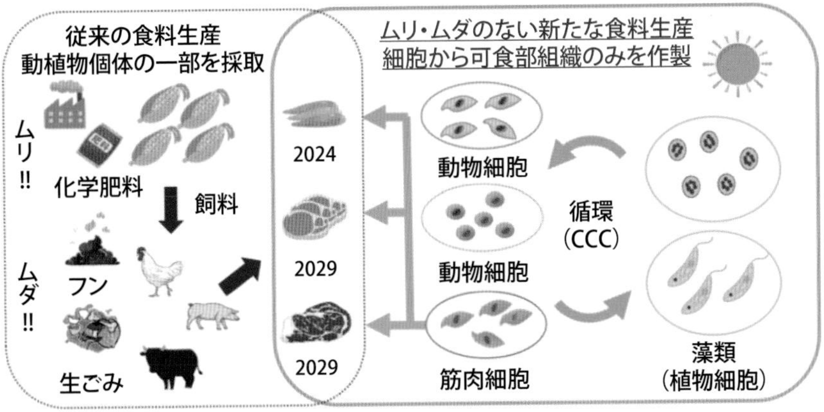

出典：東京女子医科大学 先端生命医科学研究所 清水達也教授

食品産業の脱炭素化を目指して

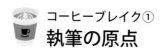

コーヒーブレイク①
執筆の原点

　2021年11月に、この書籍の基となる「SDGsで始まる新しい食のイノベーション」が幸書房から発刊されました。SDGsの17の目標の中で、目標7に「すべての人々の、安価かつ信頼できる持続可能な近代的エネルギーへのアクセスを確保する」とあり、目標13には「気候変動及びその影響を軽減するための緊急対策を講じる」とあります。地球温暖化が待ったなしのところに来ている現状を鑑みると、「食品産業のカーボンニュートラル」は2022年春頃に編集担当と相談して次期テーマに決まりました。

　最初は目次も漠然としていましたが、食品産業の主要項目、すなわち、農業・畜産業・水産業・食品製造業・食品流通業に分類し、最後にSDGsの目標17である「パートナーシップを活性化させる」を意識して、「フードチェーン活用のカーボンニュートラル」を追加することで、本書籍の骨格を形作ることができました。

4.

持続可能な
水産業に向けて

一目でわかる水産業のカーボンニュートラル

① 海水温上昇と水産資源

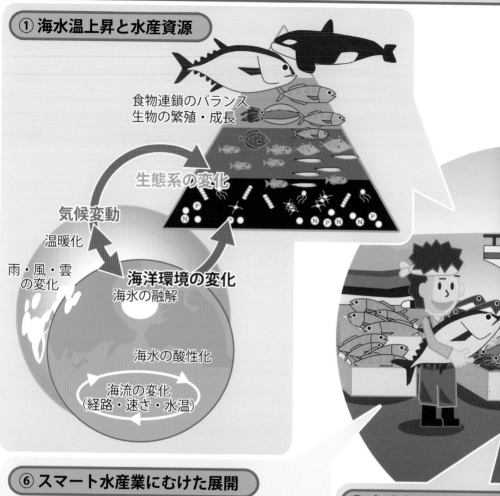

食物連鎖のバランス
生物の繁殖・成長

生態系の変化

気候変動

温暖化

雨・風・雲
の変化

海洋環境の変化
海氷の融解

海水の酸性化

海流の変化
（経路・速さ・水温）

⑥ スマート水産業にむけた展開

漁獲状況

データ
蓄積

水温　潮流　水質

海洋環境

分析

見える化
提供

⑤ 内陸水産養殖の進展

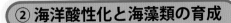

② 海洋酸性化と海藻類の育成

大気中の CO_2

水に溶けると…

$$H_2O + CO_2$$

$$= H^+ + HCO_3^-$$

海藻類による CO_2 吸収

海洋酸性化

③ 海洋廃プラ問題と マイクロプラスチック

脱 CO_2

④ 漁業系廃棄物の対策

4.1 海水温上昇による水産資源への影響と対応

　気候変動は、地球温暖化による海水温の上昇をもたらし、水産資源や漁業・養殖業に影響を与えています。近年の現象として、ブリやサワラなどの分布域の北上があり、また、養殖業においては、陸奥湾でのホタテ貝の大量壊死や広島湾でのカキの壊死率の上昇、有明海での海苔の生産量の減少等が報告されています。気象庁によると、日本近海における100年間での海域平均海面水温の上昇率は＋1.1℃にもなり、水産資源への影響は深刻になってきています。

　海苔養殖では、5月〜9月は、カキ殻に潜り込んだ海苔の糸状体が育つ時期です。成長した糸状体が分裂し、殻胞子（かくほうし）を放出します。これを網に付けるのがタネ付けです。その網を漁場に張って10月〜3月くらいまで養殖し、育った海苔を摘み取り、乾燥させると食用海苔ができ上がります。

　ところが、近年の温暖化の影響により、水温が下がる時期が遅くなっており、育苗の開始時期が以前であれば10月上旬には平均23℃以下になっていたところが、10月下旬にならなければ水温が下がらず、生産開始時期が遅れています。さらに、春先に再び水温が上がる時期は早くなっています。水温が高いと、赤潮が発生しやすくなり、海苔の生育に必要な栄養塩が不足して、海苔の色素が薄くなる「色落ち」が起きやすくなります。このように、養殖開始が遅れ、養殖終了が早まれば、以前に比べて海苔の生産期間が1カ月以上も短くなります（**図表4.1.1**）。

　三重県鈴鹿水産研究室では、2005年から黒海苔養殖が開始される時期の海水温の高水温化に順応できる品種の開発を始め、2010年に高水温耐性品種「みえのあかり」を開発しました。漁場から集めた千枚程度の海苔葉体を、25℃以上の高水温ストレスを与えて培養し、その中で生き残った細胞を選抜します。さらに高水温下での培養試験を繰り返し、生長性の良い葉体を選抜します。

　実用化に際して、伊勢湾沿岸域の桑名市、鈴鹿市、松阪市、伊勢

市、鳥羽市の漁場で、実証試験を実施しました。その結果、選抜された品種は従来養殖されている品種に比べて、高水温下で生長が良く、葉体の多層化などの形態異常の発生率が低いという特性が確認されました。こうして「みえのあかり」は、2010年に三重県の水産植物として初めて、国に品種登録されました（**図表4.1.2**）。

図表4.1.1　海苔の養殖期間の短縮化（高水温化、色落ち）

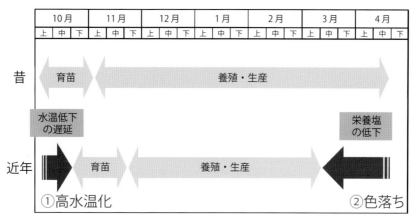

出典：三重県 水産研究所 鈴鹿水産研究室

図表4.1.2　「みえのあかり」の養殖風景と製品

出典：三重県 水産研究所 鈴鹿水産研究室

食品産業の脱炭素化を目指して

4.2 海洋酸性化を解決する
海藻類の育成−ブルーカーボン

　海洋生物によって大気中の二酸化炭素が取り込まれ、海域で貯留された炭素のことを、ブルーカーボンと言います。海洋生物の死骸はやがて海底に沈み海底泥となります。海洋汚泥中は基本的に無酸素状態にあり、バクテリアによる有機物の分解が抑制されるため、海底汚泥中に貯留されたブルーカーボンは、長期間（数千年程度）分解されずに貯留されます。

　海底には年間 1.9 億〜 2.4 億トンの炭素が新たに海底汚泥に貯留されると推定されています。またそれが行われる海域は、海洋全体の面積の 1% 以下の海底まで光が届くエリアの浅海域であり、貯留される炭素全体の 8 割弱を占めているとされています（**図表4.2.1**）。とりわけ亜熱帯の陸と海の境界に発達するマングローブ林や塩性湿地、海草藻場、海藻藻場といった生態系で、多くの CO_2 が吸収されています。

　現在、海の生態系バランスの崩壊やサンゴ礁の破壊などの問題が起きています。その原因の一つが海洋酸性化です。通常、海水はpH8 の弱アルカリ性です。すなわち海洋酸性化は、海水が pH8 未満の数値に変化しする現象です。サンゴの他にも、カニやエビなどの甲殻類やホタテ・牡蠣などの貝類にも影響が出てきています。

　海洋酸性化の主な原因は、海が大気中に排出される二酸化炭素の、約 30% を吸収しているからです。海に二酸化炭素が吸収されると、その一部が炭酸になり、水素イオンが増加して、海が酸性に変化していきます。吸収された二酸化炭素は、海草や海藻などの海洋生物によって分解されますが、二酸化炭素の排出量が多くなると吸収量も増加し、十分に処理しきれなくなり海洋酸性化が進行していきます。

　この対策として、日本各地でのブルーカーボン吸収源としての藻場再生プロジェクトが進められています（**図表 4.2.2**）。日本における藻場再生の多くは NPO や漁業組合を中心にして進められてい

ます。関西空港の人工島では、護岸に緩やかに石を積み上げ、そこ
に海藻を移植することで藻場の再生が行われました。

　また、静岡県熱海市では、コアマモ藻場再生への取り組みが実施
されています。海藻や海の生物の生育場が広がりつつあります。こ
うして、浅海域での海洋生物の育成が図られています。

図表 4.2.1　炭素循環のイメージ

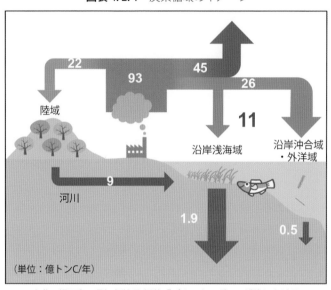

出典：堀正和・桑江朝比呂 編著『ブルーカーボン―浅海における
CO_2 隔離・貯留とその活用』地人書館（2017 年）口絵 -2、
を一部変更

図表 4.2.2　海草藻場と海藻藻場

「海草（うみくさ）藻場」	「海藻（うみも）藻場」
◆ 主に温帯～熱帯の静穏な砂浜や干潟の沖合の潮下帯に分布 ◆ 根・茎・葉が分かれている維管束植物（種子植物）．砂や泥などの堆積物中に根を張って固定 ◆ 代表的な海草：アマモ、コアマモ、スガモ	◆ 主に寒帯～沿岸域の潮間帯から水深数十mまでの岩礁海岸に多く分布 ◆ 根・茎・葉の区分がなく，岩などに固着 ◆ 代表的な海藻 　緑藻・・・アオサ 　褐藻・・・コンブ，ワカメ 　紅藻・・・テングサ等

出典：国土交通省

食品産業の脱炭素化を目指して

4.3 海洋廃プラ問題と
マイクロプラスチック

　気候変動以外に深刻化している地球環境問題として、海洋プラスチックごみ汚染が挙げられます。2019 年 G20 大阪サミットが開催され、海洋プラスチックごみに関して 2050 年までに追加的な汚染をゼロにする目標が首脳間で共有されました。海洋プラスチックごみは生態系を含めた海洋環境の悪化や海岸機能の低下、船舶航行の障害、漁業や観光への影響など、様々な問題を引き起こしています。

　プラスチックの生産量は世界的に増大しており、1950 年以降生産されたプラスチックは 83 億トンを超え、63 億トンがごみとして廃棄されたといわれています。現状のペースでは、2050 年までに250 億トンのプラスチック廃棄物が発生し、120 億トン以上のプラスチックが埋立・自然投棄されると予測されています（**図表 4.3.1**）。

　近年はマイクロプラスチック（5mm 以下の微細物）による海洋生態系への影響も懸念されています。マイクロプラスチックは、プラスチックごみが波や紫外線等の影響により小さくなることにより発生します。製造の際に化学物質が添加されていて、プラスチック漂流の際にも化学物質が吸着しやすく、マイクロプラスチックに有害物質が含まれていることがあります。これらの物質が食物連鎖に取り込まれることによる生態系に及ぼす影響が懸念されています。

　生分解性バイオマスプラスチックであるポリ乳酸（PLA）は、地球環境的に活躍の場が広がることが期待されています。再生可能資源で作られた微生物の力で分子レベルまで分解され、最終的に二酸化炭素や水となって自然界へと循環する性質をもっています。また、乳酸は人間の体内に存在し、人体への安全性が高い材質です。

　このポリ乳酸（PLA）の成形用原料を供給しているのが、神戸精化株式会社です。ポリ乳酸の使用例として、食品分野においては多種多様な活用例が見られます。同社は、2006 年よりポリ乳酸を供給してきており、2022 年は 1500 トン、2050 年には 1 万トンの供給量を目指しています。また、近年は神戸精化の樹脂を用い、ニチモ

ウグループにてロープや漁網などの漁具の開発が進められています
（**図表 4. 3. 2**）。

図表 4. 3. 1　プラスチック廃棄物発生量の推計

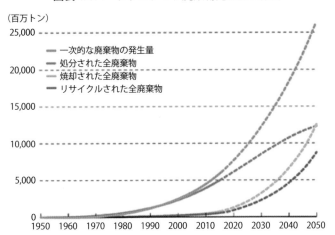

（百万トン）

- 一次的な廃棄物の発生量
- 処分された全廃棄物
- 焼却された全廃棄物
- リサイクルされた全廃棄物

資料：Geyer, R., Jambeck, J. R., & Law, K. L. (2017). Production. use, and
　　　fate of all plastics ever made. Science advances. 3(7), e1700782.

出典：環境省

図表 4. 3. 2　ポリ乳酸の使用例（容器皿、コップ、漁網）

出典：神戸精化株式会社

出典：ニチモウ株式会社

食品産業の脱炭素化を目指して

4.4 漁業系廃棄物の対策に
向けて

　2021 年 5 月に水産庁は、全国の知事宛に「漁業系廃棄物対策の進め方について」の通達を出しました。その内容は、漁業界においても、FRP 廃船の放置、養殖業の発展や埋立地不足に伴う貝殻の放置、廃漁網など漁業生産に伴って生じる廃棄物の問題が深刻化しており、このような漁業系廃棄物の適正かつ効率的な処理を強力に推進していく必要があることから、適切な指導を依頼したものです。

　漁業系廃棄物は事業系廃棄物であり、漁業者が自らの責任において処理すべきものですが、その処理を漁業者のみで行うことには技術面、資金面などにおける課題があり、地域毎に廃棄物処理のための体制を整備する必要があるとしています。このため、漁業者とその組織が中心となり、地方自治体、メーカー、廃棄物処理業者などの協力を得て、各々の地域で漁業系廃棄物問題の解決に取組み、漁場の環境改善を図ることが重要であるとしています。

　広島県漁業協同組合連合会は、1950 年に設立され、県内の漁業協同組合を中心に 58 会員が加盟しています。主な業務内容としては、県下漁協及び組合員に漁業資材類を販売していますが、特に広島湾などで盛んに行なわれているかき養殖関係の資材の取扱いが多いことが特徴です（**図表 4. 4. 1**）。また指導事業としては、豊かな海の環境づくりを目的に、植樹事業を推進しています。

　同連合会では、プラスチックをはじめとする海洋ごみが環境中に放出されて大きな影響を与えていることを踏まえ、使用済のかき養殖用いかだフロートを回収し、熱源利用を行うサーマルリサイクル事業の実現化を目指しています。具体的には、会員である漁業協同組合から回収した使用済み発泡スチロール製フロートを減容し固形ペレットの成形を行い、有害物質の発生を抑えた樹脂ペレットボイラーの燃料として活用するものです（**図表 4. 4. 2**）。

　このリサイクルシステムには、株式会社エルコムのペレット造粒機とペレットボイラーの設備を活用しています。このように同連合

会では、県内の漁業関係者が利用する漁場を含め、海浜をきれいにすることで、次世代にきれいな海を引き継ぐために、本活動を進めています。

図表 4.4.1　広島湾に浮かぶ、かき養殖いかだ

出典：公益財団法人広島市農林水産振興センター

図表 4.4.2　使用済フロートの資源循環

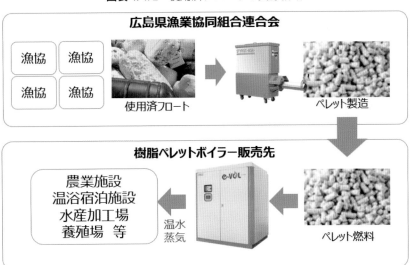

出典：広島県漁業協同組合連合会

食品産業の脱炭素化を目指して

4.5 内陸水産養殖による
新しい漁業

　近年、世界では漁業生産能力が増えているにも関わらず、生産量自体は頭打ちとなっています。世界で拡大する水産物への需要を補う形で、水産養殖が盛んになってきています。現在、世界の水産物供給に養殖水産物が占める割合は5割程度で、増加傾向にあります。

　また、資源状況が深刻なものとしては、世界の市場での利用が多いマグロ類、白身魚類、エビ類となっていますが、水産養殖の増大に伴い、飼料原料となる魚種の大量漁獲も大きな問題となっています。また、日本は9割以上のサーモンをノルウェーとチリから輸入していますが、現地では養殖が増えすぎて海洋汚染につながっており、これ以上養殖は増やさない方針を出しています。

　株式会社FRDジャパンが手掛ける陸上養殖生サーモン「おかそだち」は、海や川を必要としないため、海から遠く離れた内陸部でも養殖できます。また自然や災害の影響を受けないため、台風や津波、病原菌の蔓延にも左右されません。また、海水を一切使わず、人工海水をほぼ100%循環させた陸上養殖システムで育てているので、細菌感染を予防するための抗生物質を使用する必要がありません。

　従来の循環型陸上養殖システムでは、主に硝酸のような除去できない物質の蓄積を防ぐため、最低でも1日30%前後の水替えが必要でした。FRDジャパンでは自社で養殖プラントを設計・製造しており、硝酸をバクテリアの力で除去する「脱窒装置」を開発し、水替え不要の完全閉鎖循環による陸上養殖が可能になりました。場所を選ばず、低コストで美味しい魚が養殖できる最新の生産システムです（図表4.5.1）。

　一般的にサーモンは海面養殖で育てられますが、海の自浄作用を超えた規模になると、糞や餌の影響で海が汚染されてしまいます。「おかそだち」は独自のろ過システムで人工海水をほぼ100%循環させて養殖されているため、海や川への汚染がありません。海を汚

さない、地球に優しいサステナブルなサーモンです。

　また、外界の影響を全く受けないため、水温・水質・餌など全ての飼育条件を緻密に管理することができます。様々な飼育環境で養殖実験し、味覚試験を行うことにより、味・脂乗り・食感に良質なサーモンを週に 200 匹ほど出荷しています（**図表 4.5.2**）。現在は安定生産かつ商業ベースに乗るように、大規模プラントの計画を立てています。

図表 4.5.1　閉鎖循環式陸上養殖システム

出典：株式会社 FRD ジャパン

図表 4.5.2　陸上養殖生サーモン「おかそだち」

出典：株式会社 FRD ジャパン

食品産業の脱炭素化を目指して

4.6 限りある海洋資源を スマート水産業で支える

　漁業生産量の減少、漁業従事者の高齢化・減少等の厳しい現状に直面している水産業を成長産業に変えていくためには、漁業の基礎である水産資源の維持・回復に加え、近年技術革新が著しいICT・IoT・AI等の情報通信技術やドローン・ロボットなどの技術を漁業・養殖業の現場へ導入、普及させていくことが重要です。

　スマート水産業は、以下の3つの目的があります。

①適切な資源評価・管理の促進：漁業活動や漁場環境の情報を、ICTを用いて収集することで、適切な資源評価・管理を促進する

②生産性向上：ICTを活用し、生産活動の省力化や操業の効率化を行うことで、漁獲物の高付加価値化をはかり、生産性を向上する

③担い手となる若者の確保：ICTを活用し、若者に魅力のある漁業へと変えることで、若者の新規参入や若い後継者を育成する

　例えば、漁船漁業の分野では、従来、経験や勘に基づき行われてきた沿岸漁業の漁場の探索を支援するため、ICTを活用して、水温や塩分、潮流等の漁場環境を予測し、漁業者のスマートフォンに表示するための実証実験が行われています（**図表4.6.1**）。

　一方、沖合・遠洋漁業では、人工衛星の海水温などのデータと漁獲データをAIで分析し、漁場形成予測を行うなどの取組みが行われています。また、サンマ棒受け網漁業やカツオ一本釣り漁業などの遠洋海域で操業する漁船に対して、10日先の漁場予測情報を提供し、1000隻以上の漁船に漁海況情報の提供を目指しています（**図表4.6.2**）。このような新技術の導入が進むことで、データに基づく効率的な漁業や、省人・省力化による収益性の高い漁業の実現が期待されます。

　炎重工株式会社は、魚群の遊泳方向などを制御する生体群制御や機械の動作を制御するロボット技術の開発を行っています。これら

図表 4.6.1　スマホで提供する漁場予測情報（沿岸）

水温及び潮流の予測情
報（アプリで表示）

出典：農林水産省水産庁 HP を一部改編

図表 4.6.2　漁船に提供する漁場予測情報（沖合・遠洋）

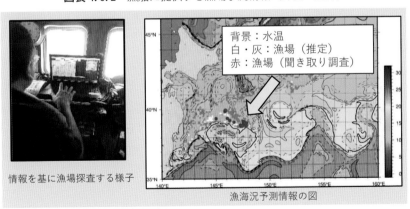

背景：水温
白・灰：漁場（推定）
赤：漁場（聞き取り調査）

情報を基に漁場探査する様子

漁海況予測情報の図

出典：農林水産省水産庁 HP を一部改編

食品産業の脱炭素化を目指して

の技術を組み合わせ、水産業におけるデジタル化・工業化を進めています。

生体群制御は、水中に設置した複数の電極から魚類に電気刺激を与えて生体に感覚を生じさせ（電気触覚）、魚群をコントロールするものです。実際に触っていなくても、電気刺激で「触られた」と認識させることができ、非接触で魚類の誘導制御をすることが可能になります（**図表 4. 6. 3**）。

さらに水平方向への誘導だけではなく、垂直（水深）方向への誘導もできるため、水揚げの効率化なども期待されます。海の養殖において、魚を寄せて餌を撒く給餌の効率化を図ることができ、また網を沈めて魚を寄せ、網を上げることにより素早い水揚げが可能になります。

自動移動式船舶給餌ロボット（Marine Drone）は、自律または遠隔操作によって水上を走り回り、給餌タンクの餌を散布する給餌用ロボットです（**図表 4. 6. 4**）。推力にプロペラを用いているため、魚介類など水中の生物を傷つける心配がありません。

養殖において、給餌は最も重要な生産工程の１つです。魚やエビなどの養殖対象を効率よく成長させるためには、効果的かつ効率的な給餌が必要不可欠です。現在は、人手による給餌、または生簀などに設置した給餌器からの給餌が主流です。人手による給餌は、高齢化の中で労働資源を大量に消費します。

また、Marine Drone は、水質や水中の調査に特化したモデルも可能です。水中の距離計測用の超音波センサー、生体分布調査用の魚群探知機、水中調査用の水中カメラ等を搭載することができる広いスペースを備えています。

図表 4.6.3　生体群制御の仕組み

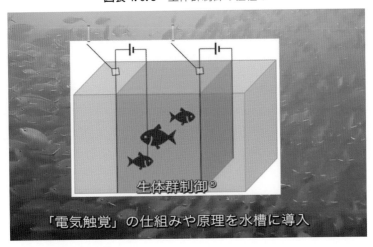

生体群制御®

「電気触覚」の仕組みや原理を水槽に導入

出典：炎重工株式会社

図表 4.6.4　給餌用ロボット Marine Drone

出典：炎重工株式会社

食品産業の脱炭素化を目指して

コーヒーブレイク②
脱 CO_2 を意識し始めた食品産業

　この書籍の執筆を始めたのは、2022 年の春頃からでしたが、このころから食品産業においても、実際にカーボンニュートラルに関する話題を耳にするようになりました。筆者のクライアントから聞いた話によると、顧客である大手流通業者より、自社食品工場のスコープ 1 & 2 （本工場においては主に電力が該当）と将来の削減目標を知りたいという要望があったそうです。

　そして、その食品会社は先日「省エネ診断」を実施しました。食品工場では、ボイラーやコンプレッサー、照明など省エネのネタになる工場設備を多く擁しています。特に、多大な電力を消費する冷凍庫や冷蔵庫を擁している工場も少なからずあります。また、工場の屋根や敷地に「太陽光パネル」を設置することも省エネ効果があります。このように「省エネ診断」を活用することで、具体的な CO_2 削減目標を立案することができ、脱 CO_2 に向けて一歩踏み出すことができます。

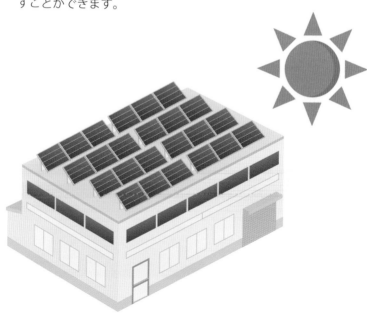

5.

カーボンニュートラルに
貢献する食品製造業

食品工場でカーボンニュートラルに取組もう

① 地球環境に配慮した原材料調達

有機栽培

環境配慮

環境配慮食品

ANSIN CURRY

Organic Vegetables
Ingredients from ECO foods

⑦ スマート食品工場

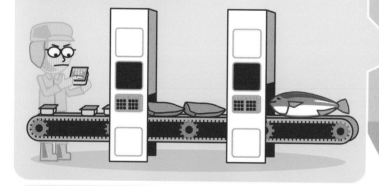

材料

53
target 50

製造

みんなで
減らそう
CO₂

AI-chan

Computing
by AI...
please wait

脱 CO₂

⑥ 脱 CO₂ に向けた容器包装

CO₂

CO₂ 吸収

植物資源

光合成
CO₂ 吸収

発酵・
重合

廃棄・
焼却

バイオマス
プラスチック

プラスチック製品

キャンディーの
ストロー

②食品工場における CO_2 削減

太陽光発電

○○食品 ◇◇工場

省エネ・節電

食品ロス削減

効率的生産

③包装技術革新で賞味期限延長

真空パッケージ

FRESH
VACUUM PACK

④食品の新鮮さを保つ冷凍技術

急速冷凍

解凍

細胞組織を壊さないので新鮮解凍

廃棄

37 target 40

92 target 60

CO_2 emission monitoring system

食べられる容器包装

せんべいの食器・容器

5.1 地球環境に配慮した 原材料調達

　現在、食品製造業の最大の課題は、原材料費の高騰です。長期的にみると世界の人口増加や発展途上国の成長により、主要食料品が2010 年に比べ、2050 年の世界総消費量の伸びが約 1.7 倍に増加する予測があり、植物油や脱脂粉乳などは価格上昇が予想されています（**図表 5.1.1**）。また食品製造業にも、CO_2 算出要求が大手食品小売から出されてきており、CO_2 排出量削減は重要な課題です。

　これを受けて、原材料調達から食品工場での生産、倉庫での冷凍・冷蔵保管、配送に至るまでの食品会社のフードチェーンにおける CO_2 排出量を算定することに加え、CO_2 排出量の削減に取り組んでいる一次加工業者から農産物などを調達するという方針が徐々に広がってきています。すなわち、食品製造業は、地球と環境の持続可能性に配慮して生産された原材料を調達することで、環境負荷低減（森林破壊防止、地球温暖化防止など）、有限資源の保全、生態系の維持（乱獲防止、生物多様性保全など）を考慮した生産活動を進めるようになります。

　一方、農林水産省は、「緑の食料システム戦略」において、有機農業の促進をカーボンニュートラルの柱と位置づけました。農薬や肥料には、その製造過程で CO_2 を出す化石燃料が使用されています。2050 年までに化学農薬の使用量を半減させ、化学肥料は 3 割減らす目標としました。そのために、有機農業が農地面積に占める割合を 2018 年度の 0.5％から 2050 年には 25％に高め、面積を 100 万 ha に増やすことを打ち出しました。

　「明治オーガニック牛乳」は、北海道の牧場で有機飼料により大切に育てられた乳牛から搾った生乳のみを使用し、有機 JAS 規格の認証を受けています（**図表 5.1.2**）。オーガニック牛乳の開発は、1999 年から津別町有機酪農研究会の酪農家で検討を開始しました。その後、2006 年に当時 5 軒の酪農家が「有機畜産物の JAS 規格」の認証を取得し、北海道限定で「明治オーガニック牛乳」として販

売を開始しました。明治グループでは牛乳の販売を通じて、環境や
乳牛の健康に関心のある消費者に向けて新しい牛乳の価値を提供し
ています。

図表 5.1.1 世界全体の品目別食料需要量の見通し

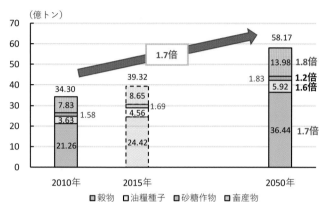

出典：農林水産省

図表 5.1.2 「明治オーガニック牛乳」の原料調達

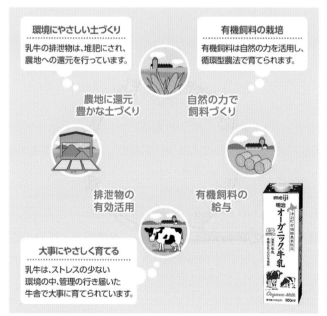

出典：株式会社明治

食品産業の脱炭素化を目指して

5.2 食品工場における
CO_2 削減のポイント

食品製造業において、自社工場内での燃料燃焼などの直接排出量（Scope1 排出量）や、電気の使用などのエネルギー起源間接排出量（Scope2 排出量）を下げるために、省エネ・CO_2 削減への対策は、いくつかポイントがあり、次に挙げていきます。

まず最も効果的な設備はボイラーです。ボイラーのバーナーは、空気比（実空気量 / 理論空気量）が大きくなると、燃焼効率が下がり、酸素や窒素などの排出量が増加します。定期点検時に基準空気比以下になるようにしておくことが大切です。一般的に空気比を 0.1 小さくすることにより、燃焼効率が 0.8%向上するといわれています。燃焼不良事故防止の観点から、空気比調整の実作業は専門業者に任せると良いでしょう。

食品工場の作業現場では、空調で一定温度以下に保つ必要があります。また、冷凍庫や冷蔵庫を多く持つ工場があります。そのような工場の省エネポイントは、まず、2 週間に 1 度フィルターを清掃すると冷房時で約 4% の省エネが可能になります。熱交換器に詰まった埃を掃除機などで清掃すると効率が上がります。また、室外機は直射日光を妨げる工夫や、吹き出し口に障害物を置かないことも重要です。

日清食品グループは、2022 年 4 月に 2030 年度までの環境戦略「EARTH FOOD CHALLENGE 2030」を策定しました（**図表 5.2.1**）。資源有効活用と気候変動問題へのチャレンジの 2 つを柱に、持続可能な社会の実現と、企業価値の向上を目指した活動を進めています。CO_2 の排出量については、国内外の Scope1 と 2 の合計排出量を 2018 年度比で 30% 削減し、サプライチェーン上で排出される Scope3 の排出量を 15% 削減することを目標に掲げています。

同社グループでは、製造工程で発生する製品ロスの削減とリサイクルの促進に努めることで、ゼロエミッションを推進しています。廃棄物の多くを占める食品残渣は飼料・肥料化し、排水処理施設の

改善による汚泥の減量と混合廃棄物のリサイクルにも取り組んでい
ます。

　再生可能エネルギーの使用では、一部の製造工場で太陽光パネル
やバイオマスボイラー、ヒートポンプを設置しているほか、熱エネ
ルギーの再利用も行っています（**図表 5.2.2**）。また、製造工程に
必要な水の使用量を削減するとともに、冷却に使用した水を工場設
備の清掃に利用するなど、水の再利用に努めています。

図表 5.2.1　日清食品グループの環境戦略

出典：日清食品ホールディングス株式会社

図表 5.2.2　日清食品グループの太陽光パネル（ぼんち山形工場）

出典：日清食品ホールディングス株式会社

食品産業の脱炭素化を目指して

5.3 包装技術の更なる革新で賞味期限延長

　SDGs 持続可能な開発目標の中の「つくる責任とつかう責任」という項目で、食品ロス削減が注目されています。ガス置換包装を採用することで、賞味期限の延長、食品ロスの削減、収益改善が見込まれます。近年コンビニエンスストアや食品スーパーを中心にガス置換包装の導入が進んでいます。

　ガス置換包装とは、食品を包装する際に包材内の空気を取り除き、その代わりに不活性ガスを封入する技術です。ガスを封入することで、味覚、栄養価、色調、香りなど、食品として不可欠な要素を損なわず、食品の酸化劣化を低減して、できたての新鮮さを保持することが可能です。

　ただ、ガス置換包装を実施した場合は、包装材にガスバリア性が必要になってきます。ガスバリア性とは、ガス透過のしにくさのことを指します。せっかく充填した窒素ガスが食品包装袋から外に抜けてしまっては意味がありません。また、空気中の酸素、二酸化炭素、水蒸気といった気体は、食品の鮮度保持や品質に大きな影響を及ぼしています。したがって包装材料には、これらの気体からのバリア性が求められ、バリア性が高いものは、窒素ガスを充填しなくても食品の鮮度が保持されます。

　現在ガスバリア性を付与するために最も多く使用されている包装材料は、エチレンビニルアルコール共重合樹脂（EVOH）です。EVOH は湿度の影響によってガス透過度が著しく低下しますが、透湿度の低いポリエチレンやポリプロピレンと多層化することによって、透明性を保持しながら低ガス透過度と低透湿性を両立させた包装フィルムです。

　三菱ケミカル株式会社は、EVOH として、ソアノール™ を製造・販売しています。その酸素バリア性は PP（ポリプロピレン）の 2 万倍、LDPE（低密度ポリエチレン）の 4 万倍の能力があります（**図表 5.3.1**）。

食品包装材にするには、ソアノール™にPE（ポリエチレン）等の樹脂を挟み、Modic（接着性樹脂）を用いて成形機で結合させます。これから、シート・フィルム・ボトル・チューブなどを作ります（**図表5.3.2**）。この食品包装材を用いた食品は、賞味期限延長や鮮度保持が実現し、食品ロスを減少させることができます。

図表5.3.1　ソアノール™（EVOH）のガスバリア性

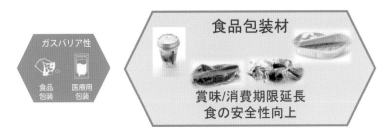

出典：三菱ケミカル株式会社

図表5.3.2　ソアノール™（EVOH）の構造と用途

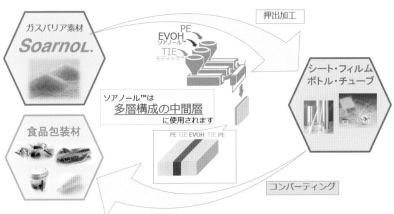

出典：三菱ケミカル株式会社

食品産業の脱炭素化を目指して

5.4 食品の新鮮さとおいしさ を保つ冷凍技術

食品の保存性を高めれば、賞味期限が延びて食品ロスが少なくなり、温室効果ガスが削減されます。ここでは、食品の保存性を高める急速冷凍装置を用いた技術を紹介します。

アメリカのクラレンス・バーズアイ氏（冷凍食品産業の創始者）は、カナダでイメイット人の漁を観て不思議なことに気付きます。獲った魚は瞬間に凍り、長期保存後に食べると新鮮で美味しいことを発見しました。その後アメリカで研究を重ね、1923年に2枚の冷却板を使った急速冷凍の技法を発明しました。

株式会社アビーは、凍結前のおいしさをそのまま再現ができるCAS（セル・アライブ・システム）という装置を発明しました。CASは、農産物・魚介類・肉類・料理などの素材に含まれる、水の分子を均一に保ちながら凍らせる機能です。従来の急速冷凍は、冷凍時に食品内部の水分子が膨張することで、解凍するとドリップが流れ出てしまい、食材本来の美味しさが失われます。

CASは既存の急速冷凍機に組み合わせることで、冷凍庫内に磁界を発生させます。それにより、水分子の膨張を防ぎ、細胞膜や細胞壁の破壊を最小限に抑えることができるため、解凍しても凍結前と近い状態に戻り、鮮度と美味しさが維持できます（**図表5.4.1**）。

農業や水産、畜産などからの食材は、CASを組み合わせた急速冷凍庫（**図表5.4.2**）で凍結し、アビーが独自に開発したハーモニック・システム（調和振動機能）を取り付けた冷凍保管庫により、新鮮さをストックできます。食品製造業や流通業では、顧客需要の増減に対応できるとともに、安定的な生産・調理が可能となり、さらには食品ロスの削減にも貢献します（**図表5.4.3**）。

大和田社長は、医療系の大学との共同研究（臓器保存、組織再生医療、iPS細胞保存）により、医療分野で活用される冷凍技術を食品のCAS技術に応用し、アメリカのフォーブスやメディアで注目されました。食品業界で100年間続いた「凍らせるだけの技術」

から「CAS 技術を使い生に戻る、細胞を生かす技術」を世界の主流にすべく、日々活動しています。

図表 5.4.1　CAS の効果

従来の急速凍結機による冷凍

凍結前水分子

細胞凍結前

凍結過程

表面が殻の様に急速に凍る事で
高圧力が内部発生する

冷凍状態

分離・変質・変性等
複合的な組織崩壊をする

解凍後状態

食感や風味、旨味が
回復不能になる

CASの効果により食材細胞を壊さない

凍結前水分子

細胞凍結前

凍結過程

微弱なエネルギーで
水分子の方向軸を整列させる

冷凍状態

均質状態で凍結

解凍後状態

凍結前状態に回復解凍

出典：株式会社アビー

図表 5.4.2　CAS を取り付け
　　　　　たフリーザー

図表 5.4.3　CAS ＋急速冷凍庫で凍結された食材

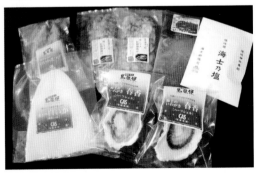

出典：株式会社アビー　　　　出典：株式会社アビー

食品産業の脱炭素化を目指して

5.5 食べられる容器包装
ーエディブルパッケージ

　最近、食べられる容器包装やスプーン、ストロー等の販売が始まりました。このアイデアは、以前から環境配慮の点で求められていましたが、価格や耐久性などの品質が実用化の課題になっていました。しかし、素材と製造技術の進歩、さらには脱炭素意識の高まりから、エディブルパッケージの市場が確実に広がっています。

　また、使い捨てのプラスチック製品の削減を企業などに求める「プラスチック資源循環促進法」が 2022 年 4 月に施行され、無料で提供されるコンビニのスプーンや、ホテルの歯ブラシなど 12 品目が削減の対象となりました。法律の施行に合わせて、各店舗ではスプーンやフォークを木製や植物由来の製品に切り替えるなどの対応が始まり、エディブルパッケージの必要性に拍車がかかりました。

　「かんてんぱぱ」で有名な伊那食品工業株式会社は、伝統食材である寒天の用途開発に力を注いでいます。その中で、環境に配慮した製品を生み出していきたいとの思いから、寒天や海藻由来の可食性フィルムを開発しています。

　可食性フィルムとは、食べられるフィルムのことであり、無味無臭で、水や湯に入れると素早く溶けます（**図表 5. 5. 1**）。そのため、何かの間に挟んだり包んだりという従来のフィルム用途に替わり、フィルムでありながらゴミにならないエコ素材として実用化が図られており、今では数十社の食品企業に提供しています。

　活用事例を紹介すると、うどん、そば、ラーメンなどのチルドカップ麺について、商品規格上必要だった プラスチックフィルムを海藻から作られたフィルムに変更することにより、プラスチックゴミの削減を可能にしました（**図表 5. 5. 2**）。

　また同社は、2022 年 4 月に「ぱぱっと雑穀米」を発売しました。これは、可食性フィルムにヒートシールができるような強度を持たせた結果、そのまま炊飯器に入れるだけで、フィルムが溶けて、おいしい雑穀米が出来上がるという便利な商品です（**図表 5. 5. 3**）。

82

図表 5.5.1　可食性フィルム "クレール"

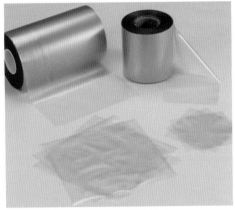

出典：伊那食品工業株式会社

図表 5.5.2　チルド麺への用途

出典：伊那食品工業株式会社

図表 5.5.3　ヒートシールが可能となった雑穀米

出典：伊那食品工業株式会社

食品産業の脱炭素化を目指して

5.6 鉱物を利用した容器包装素材で CO_2 削減

　プラスチック製包装容器は、中身商品を食した後は不要となります。不要となったプラスチック製包装容器の不法投棄などにより、海洋プラスチックやマイクロプラスチック問題、廃棄物増加など環境や資源、経済にとって大きな課題となります。

　プラスチック製包装容器はさまざまな方法でリサイクルされています。大きく分けると、

①熱で溶かしてプラスチック材料や製品にする、材料リサイクル

②化学的手法により化学原料を経て、材料や製品にするケミカルリサイクル

③熱エネルギーとして利用するサーマルリカバリー

の3つの方法に分類することができます（**図表5.6.1**）。しかし、どれもリサイクルの過程で CO_2 を排出します。

　バイオマスプラスチックとは、再生可能な植物由来の資源を原料にしたプラスチックで、見た目は通常のプラスチックと変わりません。植物由来の原料といっても、実際にはトウモロコシや、サトウキビ、トウゴマなど、大部分の製品が植物の「非可食部分」から作られています。

　再生可能なので石油資源のように枯渇することがなく、さらに CO_2 の排出も抑えることができます。これは原材料の植物が、育成過程の光合成により CO_2 を吸収するからです。バイオマスプラスチックを焼却処分したとしても、排出される CO_2 は原料として植物が吸収した量と同じということになります。

　中央化学株式会社は、プラスチック製食品包装容器の代わりに、プラスチック以外の素材に目を向け、低環境負荷の容器開発に取り組んでいます。ここでは、環境に配慮した次の包装材を紹介します。

　同社の独自素材の TALFA（タルファー）は、天然資源のタルク（滑石：水酸化マグネシウムとケイ酸塩からなる鉱物）を主原料として使用し、プラスチックの使用量を半減しています。PP（ポリプロ

ピレン）容器との比較で、CO_2 排出量を約 49%削減しています。天然資源のタルクは資源量が豊富で枯渇性が低く、安全性の高い素材です（**図表 5. 6. 2左**）。

　C-APG は、PET ボトルのリサイクル原料を使用した環境配慮型素材で、同社従来品 (A-PET) と比較して CO_2 排出量を約 27%削減することができます。2 種 3 層構造で食品に触れる部分はバージン原料を使用しています。（**図表 5. 6. 2右**）。

図表 5. 6. 1　プラスチック容器包装のリサイクル

リサイクル方法		定　義
材料リサイクル プラスチック原料・製品に		異物を除去、洗浄、破砕その他の処理をし、ペレット等のプラスチック原料を得る。
ケミカル リサイクル 化学的手法により、化学原料等を経て、各種製品や燃料として利用	**油化**	プラスチックを熱分解し、液体状の炭化水素油を得ること。再商品化で得られた炭化水素油は化学工業等の原材料又は燃料として利用。
	高炉還元剤化	プラスチックを粒状にし、製鉄高炉中の鉄鉱石の還元剤を得ること。再商品化で得られた還元剤は、高炉で利用されているコークスの代替品として利用。
	コークス炉 化学原料化	コークス炉で粒状にしたプラスチックを石炭と共に加熱し、コークスを得ること。コークス炉内では、コークスだけでなく、炭化水素油、ガス等が製造される。炭化水素油については原材料、ガスについては燃料として利用。
	ガス化	プラスチックを熱分解し、一酸化炭素、水素等のガスを得ること。再商品化で得られたガスは化学工業等の原材料又は燃料として利用。
固形燃料等		固形燃料（RPF）等の燃料を得ること。 ※緊急避難的・補完的手法　　※材料リサイクル・ケミカルリサイクルの2手法では円滑な再商品化の実施に支障が生じる場合に利用

出典：プラスチック容器包装リサイクル推進協議会

図表 5. 6. 2　環境配慮型素材 TALFA（左）と C-APG（右）

出典：中央化学株式会社

食品産業の脱炭素化を目指して

5.7 市場と環境変化に対応するスマート食品工場

　近年、食品製造業の人手不足・人材不足の問題が深刻化しており、生産性の向上が急務となっています。農林水産省では、ロボット、AI（人工知能）、IoTなどの先端技術の導入支援を図ることにより、食品工場をスマート化し、生産性向上を推進しています。

　食品製造業でスマートファクトリー化すると、次のようなメリットが期待できます。スマートファクトリーは、ロボットなどを活用することにより、人が介在しないことで衛生面を保ちやすくなります。また、製造現場や原料・仕掛品・完成品の保管場所では、温度管理・湿度管理は重要なポイントであり、温度や湿度の一元管理を進めています。温湿度が逸脱したときは、アラームなどで関係者に連絡するシステムもあります。

　スマートファクトリーでは、市場のニーズや在庫量を把握できるため、無駄なく原材料を仕入れたり、仕掛品を仕込むことができます。また、在庫も一元管理できるので、在庫量を減らす効果も期待できます。賞味期限が短い場合、原材料や仕掛在庫が多すぎると使用期限が過ぎて廃棄することになりかねません。また、IT技術を用いて商品の売れ行きをデータ化して収集・蓄積することができます。分析したデータは、商品の改善や新商品の開発等に役立てることができます。

　エスビー食品株式会社は、「安全・安心」と「生産体制」のさらなる強化を目指し、上田工場にスマートファクトリー化のためのIoT（全生産設備とライン検査機器のリアルタイム把握対応）を先行導入しました（**図表5.7.1**）。設備稼働状況監視管理システムを導入し、稼働中の設備から各種データを収集。生産管理システムと連携し、ライン全体の進捗管理と阻害要因の早期解消に活用しています。

　また、蓄積されたデータを解析することで、設備単位の改善策を講じ、稼働率向上や安定稼動を図り、顧客に安全・安心な商品を安

出典：エスビー食品株式会社

定して供給できる体制に繋げることができます。今回の導入により、上田工場から離れた場所からでも設備の稼働状況の把握が容易に行えるようになったことに加えて、工場内にも設備稼働状況監視管理システムのディスプレイ端末を複数台設置して、現場の担当者もすぐに状況が見えるようになっています。

　株式会社アールティは小柄な成人サイズの人型協働ロボット「Foodly」を食品工場向けに自社生産しています。ディープラーニングを活用した AI Vision System により、ばら積みされた食材をひとつひとつ認識してピッキングし、弁当箱・トレイへ盛り付けするまでの作業を 1 台で完結させます。また、AI がロボット動作を自動で計画するので、ティーチングの必要がありません（**図表 5.7.2**）。

　Foodly は、身長約 150cm、肩幅約 40cm と、小柄な成人サイズを参考に設計され、弁当盛り付けラインに人と隣り合わせで並んでも、一緒に働く人に恐怖や危険を与えないよう、人の動きに合わせた適度な作業速度を有しています。人とぶつかっても衝撃を少なくするため、各モータ部にトルクと位置のハイブリッド制御を取り入れています。

食品産業の脱炭素化を目指して

また、頻繁なライン変更に対応できるように、移動が簡単になるよう下部にキャスターを採用しています。また、動力はAC100V電源に加え、長時間の作業が可能な充電式のバッテリーを装備しています。このように、安全性が担保された人型協働ロボットの活用により、食品工場の人手不足対応、衛生対策を進めていくことができます（**図表5.7.3**）。

図表5.7.2　AIを活用したFoodly

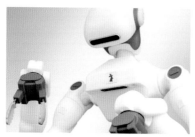

容器や食材を見分けるAIロボットビジョン
照明条件の変化にも対応

AIがロボット動作を自動で計画
ティーチングレス
わかりやすい操作パネル

出典：株式会社アールティ

図表5.7.3　盛付ラインでの人型協働ロボット

出典：株式会社アールティ　撮影協力：株式会社ヒライ

6.

カーボンニュートラルに
貢献する食品流通業

食品流通をカーボンニュートラルチェーンで結ぼう

① 食品小売店舗の CO_2 削減

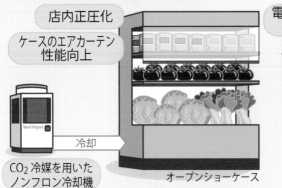

店内正圧化

ケースのエアカーテン
性能向上

電気使用量の
見える化

CO_2 冷媒を用いた
ノンフロン冷却機

冷却

オープンショーケース

消費者

小売店
スーパーマーケット

⑥ 食品流通・店舗のスマート化

CASHER

⑤ 食品の油汚泥をエネルギー変換

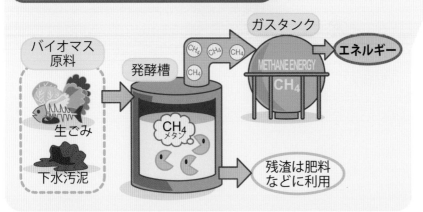

バイオマス
原料

生ごみ

下水汚泥

発酵槽

CH_4
メタン

ガスタンク

METHANE ENERGY
CH_4

エネルギー

残渣は肥料
などに利用

② 食品物流のモーダルシフト

CO_2排出量大 ✕

小 ◎

小 ◎

CO_2排出量が少ない輸送手段の選択

生産者

脱 CO_2

農協・卸売市場

③ 飲食店における食品ロス削減

食品ロス
削減協力店
食べ残しゼロ

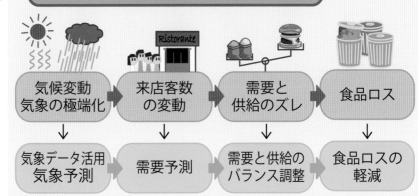

④ 気象データ活用による食品ロス削減

気候変動 気象の極端化	→	来店客数の変動	→	需要と供給のズレ	→	食品ロス
↓		↓		↓		↓
気象データ活用 気象予測	→	需要予測	→	需要と供給のバランス調整	→	食品ロスの軽減

6.1 CO_2 削減で進化する
食品小売店舗

　脱炭素の潮流を受けて、食品小売店舗においても、CO_2削減に向けて積極的に取組みを始めています。例えば、コンビニやスーパーでは、ノンフロンを使用した冷凍冷蔵ショーケースなどの導入を進めています。また、2021年6月より、食品ロス削減に向け、日本フランチャイズチェーン協会、農水省、消費者庁、環境省と連携して、小売店舗が消費者に向けて食品ロス削減のため「てまえどり」を呼びかける取組みを行っています。このような生活消費者の行動変容につながる取組みも、CO_2削減になります。

　セブン＆アイグループでは、約22,700店舗、来店客数は1日あたり約2,220万人と日本最大の小売りグループです。お客様の生活の場、すなわち地域社会が持続可能なものになるよう「サステナブル経営」が必要と考え、積極的に活動を推進しています。同社が特定した重点課題の一つに、「地球環境に配慮し、脱炭素・循環経済・自然と共生する社会を実現する」を掲げ、CO_2排出量削減については、2030年にはグループの店舗運営に伴う排出量50%削減（2013年度比）としています。

　例えば、設備面では省エネ設備の導入を進め、LED照明の設置、外気が店内に入らないように店内陽圧化し、ペアガラスを使うことでより断熱性能を高め、店内温度を安定化させることを進めています。また、遠隔監視やAIによる環境マネジメントシステム（EMS）の導入による、冷蔵・冷凍・空調施設の最適化を図っています。

　ソフト面では、店舗ごとに「電気使用量の見える化」を図ることで、従業員の省エネ意識の向上につながる取組みを同時に進めています。さらに、店舗への太陽光発電パネルの設置の拡大や、ソーラーカーポートや蓄電池の設置を進め、再生エネルギーの自産自消にも力を入れています。

　また、セブン‐イレブン・ジャパンでは、2020年に東京の青梅新町店で省エネ店舗を開店しました。その特徴は、木造用店舗、大

容量太陽光パネル、調光機能付き店頭看板をはじめ、チルドケースのエアカーテン性能向上や、内臓ケース用新冷媒ガスの導入など、あらゆる省エネにつながる技術を採用することにより、CO_2排出量が54%減（2013年度比）となります（**図表6.1.1**、**図表6.1.2**）。

　また、長期で安定した再生エネルギーを確保していく取り組みとして、国内オフサイト（敷地外）でNTTアノードエナジーによる、新設の太陽光発電所と専用使用する契約をし、再エネ電力を店舗に長期的に送配電してもらう調達を積極的に進めています。

図表6.1.1　省エネ店舗（外側より）

室外機
ドレン水活用

大容量太陽光パネル

木造店舗

複層ガラス

調光機能付き
店頭看板

出典：株式会社セブン＆アイ・ホールディングス

図表6.1.2　省エネ店舗（内側より）

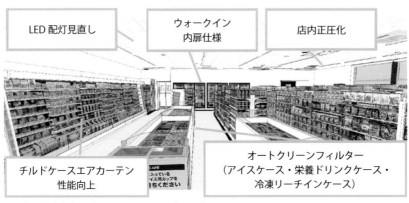

LED配灯見直し

ウォークイン
内扉仕様

店内正圧化

チルドケースエアカーテン
性能向上

オートクリーンフィルター
（アイスケース・栄養ドリンクケース・
冷凍リーチインケース）

出典：株式会社セブン＆アイ・ホールディングス

食品産業の脱炭素化を目指して

6.2 モーダルシフトによる
食品物流で CO₂ 削減

　2020年度における日本のCO_2排出量（10億4,400万トン）のうち、運輸部門からの排出量は、1億8,500万トンで17.7%を占めています。うち、営業用貨物自動車が運輸部門の21.9%（日本全体の3.9%）を排出しています。

　モーダルシフトとは、トラックなどの貨物輸送を環境負荷の小さい鉄道や船舶の利用へと転換することをいいます。物流における環境負荷の低減にはモーダルシフトや輸配送の共同化、輸送網の集約などの物流効率化が有効です。その中でも、特にモーダルシフトは環境負荷の低減効果が大きな取組みです（**図表6.2.1**）。

　1トンの貨物を1km運ぶ（1トンキロ）ときに排出されるCO_2の量は、トラック（営業用貨物車）が216gであるのに対し、船舶は43g（貨物車の20%）、鉄道は21g（同10%）しかありません。つまり、貨物輸送の方法をトラックから船舶や鉄道に転換することで、CO_2排出量を削減することができます。

　栗林商船株式会社は、海上輸送と陸上輸送を組み合わせた複合一貫輸送を運行しています。就航している各拠点に、多種多様なトレーラーを保有し、3,300台を超えるトレーラーは国内では最大級で、冷凍リーファーシャーシの導入も進めています。RORO船は車両甲板を持ち、トレーラーが自走して上下船できる貨物専用船です（**図表6.2.2**）。北海道（苫小牧、釧路）、仙台、東京、清水、名古屋、大阪を結ぶ協力な海上輸送ネットワークを構築しています。

　ここでは、食品物流のモーダルシフトの改善事例を紹介します。北海道東部で生産する農産物を苫小牧まで陸送し、苫小牧から北関東までの航路を使ってトレーラー輸送し、埼玉県へ納品していました。道東から苫小牧までは陸路で300km以上あるため、陸上輸送が高コストになっていました。これを栗林商船の釧路－東京（品川港）航路を利用し、北海道内の陸送距離を半減しました（**図表6.2.3**）。陸送が短縮により、乗務員の確保が容易になり、低コスト

化も実現し、安定した輸送を確保することができました。併せて輸送に伴う CO_2 排出量が約20%減少し、環境負荷も改善しました。

図表 6.2.1 モーダルシフトとは

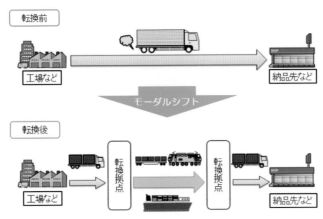

出典：国土交通省

図表 6.2.2 RORO船のトレーラー荷役

出典：栗林商船株式会社

図表 6.2.3 北海道から関東への農産物輸送

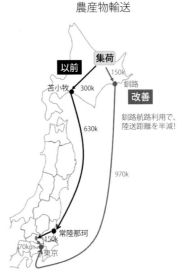

出典：栗林商船株式会社

食品産業の脱炭素化を目指して

6.3 飲食店における食品ロス 削減のポイント

　飲食店において、1年間で食べられるのに捨てられる食料品（食品ロス）は約116万トンもあります。飲食店の食品ロスが増える原因は次の3つがあり、これらの課題に取り組んでいく必要があります。

1．食材の仕入れ過多・保存条件が悪い

　使いきれないほど食材を仕入れてしまうと食品ロスにつながります。また、ある程度保存できる野菜なども、温度などの保存条件が悪いと早く傷んでしまいます。曜日や時間帯を考慮するのに加え、予約客から計算した適正な仕入れ量の徹底が大切です。また食材ごとにラップを活用すれば、適切に保存することが可能となります。

2．その日の使用量以上に仕込みすぎる

　予想よりも利用者が少ないと、料理を仕込みすぎたら、余ってしまい廃棄することになります。曜日や季節、天候、時間帯による売上データを集め、食品ロスの少ない仕込みを実施します。

3．利用者の食べ残し

　飲食店において、料理を一度にまとめて提供してしまうと、冷めてしまい、味が落ちます。そのため、料理提供のタイミングを考慮することで、食べ残しを減らすことが可能となります。また、料理の量（小盛り、普通、大盛り）などメニューの種類を増やすことも効果があります。

　ロイヤルホスト、てんやなどのチェーン店などを展開するロイヤルホールディングス株式会社は、2020年6月から「ロイヤル食品ロス削減タスクフォース」と称した食品ロスへの取組みをグループ方針として開始しました。食品ロス削減に向けた取組みの視点として、①調理技術の向上による調理雑損の削減、②来店予測精度の向上による食材ロスの削減、③実物サンプルを映像化することによるロス削減等を実施してきました。

また 2021 年 6 月から、お客様の食べ残し対策として、ロイヤル
ホストと他グループの「デニーズ」と共に、植物由来素材の容器を
使用した持ち帰りの普及（mottECO 導入モデル事業）を、食中毒
リスクに注意を払いながら推進しています（**図表 6.3.1**）。
　また同グループ各社協調による「フードチェーンによる食材ロス
削減」に向けた取組みとして、デジタル活用と意識改善で余剰発注・
在庫の減少を狙う取組みを計画しています（**図表 6.3.2**）。

図表 6.3.1　mottECO（モッテコ）導入モデル事業

出典：ロイヤルホールディングス株式会社

図表 6.3.2　グループ各社協調による食材ロス削減の取組み

出典：ロイヤルホールディングス株式会社

食品産業の脱炭素化を目指して

6.4 気象データを活用した食品ロス削減の取組み

　人の消費行動は、天候や気温によって左右される傾向があります。観光地の飲食店や土産店では、雨の日は売り上げが落ちます。また消費者は、暑くなると冷たいものを、寒くなると温かいものを欲します。気象はこのような人間の生理的機能に働きかけ、無意識のうちに消費行動に影響を与えています。人々の消費行動が変われば、食品小売店や飲食店の来店者も変化し、食品ロスが発生します。

　2014年に経済産業省の補助事業として、日本気象協会が豆腐製造業の相模屋食料株式会社から各種データを受けて、気象データ活用の実証実験が始まりました。約2年をかけて生まれたのが「豆腐指数」です。天候から予測される「寄せ豆腐」の売れやすさを、最大100とした「指数」を表し、毎日、日本気象協会が相模屋食料に配信します（**図表 6.4.1**）。担当者は従来の経験則も活かしつつ、「豆腐指数」を加味して発注数を決めます。豆腐指数の導入により、需要予測の精度が30%向上し、食品ロスを大幅に削減することにつながりました。

　ソフトバンクと日本気象協会は、小売り・飲食業界向けに、人流や気象のデータを活用したAI（人工知能）による需要予測サービス「サキミル」を共同開発し、2022年1月末よりソフトバンクが提供を開始しました。サキミルが予測した来店客数を基に、店舗ごとの商品の発注数や従業員の勤務シフトが調整できます。

　サキミルは、ソフトバンクの携帯電話基地局から得られる端末の位置情報データを基にした、個人を特定されないよう匿名化、および統計加工した人流統計データや、日本気象協会が保有する気象データ、導入企業が保有する店舗ごとの売り上げや来店客数などの各種データをAIで分析し、高精度な需要予測を行うサービスです。小売・飲食に特化して用意された数百種類の特徴量の中から、企業ごとに適切なものを自動選択し、機械学習アルゴリズムにより予測を行います（**図表 6.4.2**）。

実際に、中部地方を中心にスーパーマーケット事業などを展開している株式会社バローホールディングスのグループ会社・中部薬品株式会社が運営するドラッグストア10店舗で2021年3月に本システムの実証実験を行ったところ、来店客数予測精度は約93％にまで上昇しました。これで商品発注の適正化が可能となり、欠品による機会ロスや過剰発注による食品ロスの削減が達成できました。

図表 6.4.1　日本気象協会からの豆腐指数データ

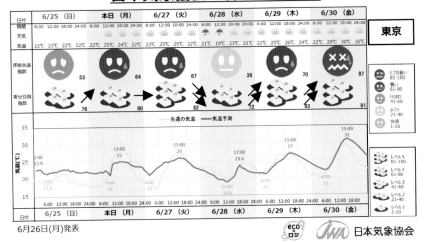

出典：相模屋食料株式会社

図表 6.4.2　小売・飲食に特化した需要予測アルゴリズム

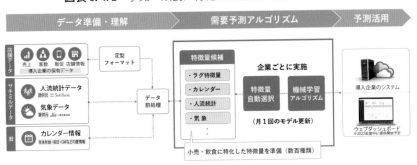

出典：ソフトバンク株式会社

食品産業の脱炭素化を目指して

6.5 飲食店や食品工場排出の油汚泥をエネルギー変換

　メタン発酵は、家畜排せつ物、食品廃棄物、農作物残さなどを原料として、微生物の働きにより、メタン（CH_4）を主体としたバイオガスを生成する技術を活用し、生成ガスを燃焼させることで熱や電気としてエネルギー利用することができます。また、同時に生成される消化液は、肥料成分を多く含むため、肥料利用することができます。

　しかし、飲食店の厨房排水や食品工場の製造排水とともに流れ出る油脂や、油滓などの製造副産物に含まれる油脂は未活用です。また、廃棄食品や残渣汚泥も、そのほとんどが未活用です。株式会社ティービーエムは、これら未活用の事業系食品廃棄物を最大資源化し、企業の脱炭素化を具体化する技術とサービスを提供しています。

　飲食店や食品工場には、大量に出る排水から、水と油の比重差によって分離した油脂分が溜まるグリストラップや原水槽が設置されています。これらに溜まる油脂分を排水油脂または油泥といい、これを効率よく回収し、バイオマス燃料につくり変えることで、発電やボイラーで活用します。同社は、膨大な排水油脂をエネルギー変換する技術とサービスを提供することで、飲食チェーンや食品工場に創エネ、CO_2 削減、水質浄化をもたらしています。

　同社の飲食チェーン向け「厨房排水管理サービス」は、飲食チェーンや商業施設など、首都圏 500 店舗以上の導入実績があり、店舗の人手不足対応、80％以上の産廃削減とともに、店舗スタッフ人件費、産廃処分費、配管詰まり対応費などのトータルコスト削減を実現しています（**図表 6.5.1**）。

　また、食品工場向け「油泥減容サービス」は、原水槽や油水分離槽の油泥を常時自動回収し、特殊タンクに貯留した油泥をオンサイトで資源化します。排水処理設備の負荷軽減と省エネ、産廃削減、CO_2 削減、トータルコスト削減を実現しています（**図表 6.5.2**）。

　さらに、両サービスは、油脂回収量から CO_2 削減量までをリア

ルタイムで見える化する「デジタル一元管理サービス」も提供し、食品企業の管理業務の効率化と、脱炭素への取組みを支援しています。

図表 6.5.1　飲食チェーン向け「厨房排水管理サービス」

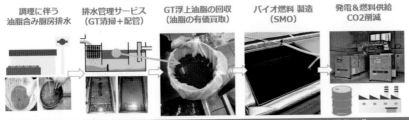

出典：株式会社ティービーエム

図表 6.5.2　食品工場向け「油泥減容サービス」

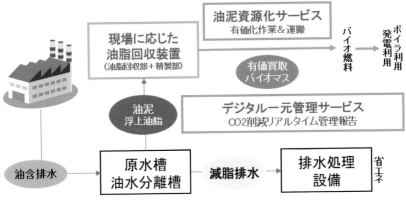

出典：株式会社ティービーエム

食品産業の脱炭素化を目指して

6.6 スマート化で変わる食品流通・店舗

　ここでは、食品流通業のスマート化の推進を、食品スーパーやコンビニなどでの「スマートストア」の取組みと、食品店舗向けのスマート化のサービスを事例として紹介します。

　スマートストアとは、AI や IoT などの最新の技術を駆使して、売場の最適化を図る店舗のことをいいます。スマートストアは店舗運営の効率化だけでなく、少子化による労働不足やコロナ禍による非接触志向の解決につながると期待されています。また AI カメラが分析した来店客の情報は、マーケティングに活用できます。

　従来のセルフレジは、購入した商品を自分でバーコードにかざし、レジ袋に入れて、アプリ上で自動決済するというのが一般的でした。スマートストアでは、AI カメラを使った顧客の自動認識や品切れ商品の自動検知、QR コードをかざすだけで顧客が選んだ商品を認識することが可能です。AI や IoT といったデジタル技術を活用して省力化、高効率化を図る小売業界にとり、スマートストアは買い物体験を変えるだけでなく、食品ロス削減という社会課題の解決の一助を担っています。

　福岡に本拠を置くディスカウントストア「トライアル」は老舗のスマートストアです。2022 年 10 月現在、店舗数は 274 を数え、そのうちスマートストア数は 98 店舗です（**図表 6.6.1**）。特徴は大きく 2 つあり、1 つは「AI カメラ」です。トライアルグループが開発した独自のカメラに AI を搭載し、店舗内に設置した約 700 台のカメラが商品棚の画像を解析して欠品を検知すると、アラームでバックヤードに通知されます。また、顧客がどのような商品を手に取ったのかを把握する機能もあります（**図表 6.6.2**）。

　もう 1 つは、タブレット端末とバーコードリーダーを搭載した「スマートショッピングカート」で、こちらはセルフレジ機能が付いている買い物カートです。買い物客は専用のプリペイドカードを読み込ませ、商品のバーコードをスキャンしながら商品をかごに入れ、

最後に専用ゲートを通過するとキャッシュレス決済が完了します。
タブレット端末には、これまでの購入履歴に基づいたクーポンやお
すすめレシピなどが出てくるという仕組みです（**図表 6.6.3**）。

　スマートショッピングカートやリテール AI カメラの導入により、
限られた人員での店舗運営が可能になります。その結果、経費や人
員などのリソースをより生産性の高い部門に再配分し、「お客様に
良い商品を安く提供する」ことをさらに推し進めることができます。

図表 6.6.1　スマートストア

出典：株式会社トライアルホールディングス

図表 6.6.2　リテール AI カメラ

AIカメラ

欠品を防止

在庫の売れ残りや
廃棄ロスを削減

棚割を最適化

万引きの防止

顧客行動分析により
売り場のレイアウトや
陳列内容を改善

出典：株式会社トライアルホールディングス

食品産業の脱炭素化を目指して

図表 6.6.3　スマートショッピングカート

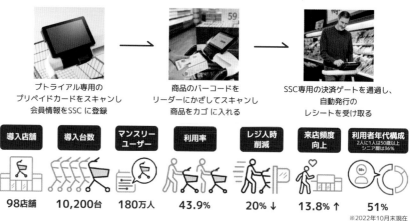

プトライアル専用の
プリペイドカードをスキャンし
会員情報をSSCに登録

商品のバーコードを
リーダーにかざしてスキャンし
商品をカゴに入れる

SSC専用の決済ゲートを通過し、
自動発行の
レシートを受け取る

導入店舗	導入台数	マンスリー ユーザー	利用率	レジ人時 削減	来店頻度 向上	利用者年代構成 2人に1人は50歳以上 シニア層は36%
98店舗	10,200台	180万人	43.9%	20%↓	13.8%↑	51%

※2022年10月末現在

出典：株式会社トライアルホールディングス

　伊勢神宮の近くにある老舗食堂「ゑびや大食堂」は、デジタル技術の導入により、年間売上高が7年で5倍に、客単価は3倍に、食材ロス73％削減、残業0時間になりました（**図表6.6.4**）。小田島社長は、店舗を引き継いだ時に、手書き帳簿をデータ化し、POSの導入や自社開発したAIやIoTを活用したことで、大きく生産性を上げることができました。

　ここで開発された主なツールの1つが、「来客予測システム」です。気象データや過去の売上実績、近隣の宿泊状況などを収集し、翌日の来客数を予測します。その結果、的中率は9割を超えます（**図表6.6.5**）。これにより、効率的なシフト調整や販促が可能になります。

　また、「TOUCH POINT BI」は、クラウドデータベースを活用してデータを自動で収集分析する仕組みです（**図表6.6.6**）。店の前に設置したカメラで通行人の人数を算出し、そのうち来店したお客様の人数・性別・年代などから、どういった客層が入店されたのか、POSレジデータと比較することで実際に購入している客層を割り出すことが可能となり、商品開発や販売促進の予算、内容、効果測定ができるようになりました。

　さらに、従業員がデータをモニターで活用したり、タブレットで確認することで、作業効率が向上しています（**図表6.6.7**）。

図表 6.6.4　ゑびや大食堂

出典：有限会社ゑびや

図表 6.6.5　来客予測 AI

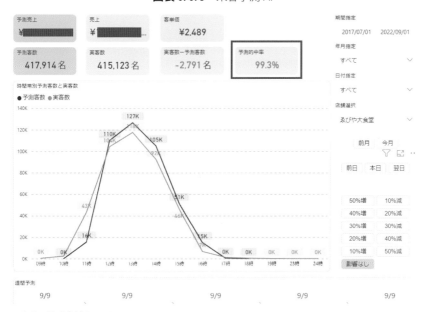

出典：株式会社 EBILAB

食品産業の脱炭素化を目指して

そして、このノウハウを基に、システム開発部門「EBILAB」を独立させました。本システムは、飲食店や小売店のDXを実現するシステムへと発展しています。そして同社は、石川県内のサービス業向けに実施している「デジタル道場」で、中小企業にデジタル化支援を実施しています。講師は、同社のシステム開発の中核を担う常盤木氏で、「人的資源が限られた地方の中小企業が持続・発展していくにはテクノロジーが必要」と述べています。

図表 6.6.6　TOUCH POINT BI

前日売上と当日の予測データを確認

出典：株式会社 EBILAB

図表 6.6.7　従業員によるデータ活用

出典：株式会社 EBILAB

7.

フードチェーン活用の
カーボンニュートラル

7.1 フードチェーン活用で脱 CO_2 実現

　今まで、2章から6章まで、農業・畜産業・水産業・食品製造業・食品流通業において、それぞれの分野でのカーボンニュートラルに向けた手法と事例を紹介してきました。しかしながら、食品産業は他の産業に比べても、サプライチェーンすなわち「フードチェーン」の結びつきが強く、フードチェーンを横断的に活用した脱 CO_2 の手段が多く存在します。

　SDGs の目標17では、「持続可能な開発のための実施手段を強化し、グローバル・パートナーシップを活性化する」とあります。これを日本の食品産業に当てはめると、フードチェーンの相互協力により、食品ロス削減をはじめとしたカーボンニュートラル実現への道筋が見えてきます。

　「フードチェーン活用による脱 CO_2 体系図（**図表7.1.1**）」には、農業・畜産業・水産業、一次加工業、食品製造業、食品流通業、消費者・フードバンクにおける個々に取り組むべき項目、すなわちエネルギー削減や食品ロス削減、物流効率化などがあります。さらに、一次加工業・食品製造業・食品流通業においては、食品の鮮度向上や賞味期限延長などに寄与する包装技術や凍結技術の活用があります（第5章）。

　そして本章では、次のフードチェーン活用による脱 CO_2 が紹介されています。

① 　1/3ルールによる商慣習の見直し（7.2）
② 　マッチングによるフードシェアで食品ロス削減（7.3）
③ 　ふぞろい農産物や未利用魚の有効活用（2.6、7.4）
④ 　資源循環型の食料生産システム（7.5、7.6）
⑤ 　スマートフードチェーンによる付加価値向上・在庫削減（7.7）

　上記のようなフードチェーン活用による脱 CO_2 を進展させていくには、単独の食品業種だけでは難しい側面があります。そのため

に、農林水産省などの行政が、施策立案などでフードチェーン活用を積極的に関与しています。

さらに、SBT認定に向けて、CO_2の間接排出（スコープ3）の削減目標設定が本格的になってきており、上流から下流までのフードチェーンを意識したCO_2排出量算定と削減に向けた改善活動が、より進展してくると思われます（8.1、8.4）。

図表7.1.1　フードチェーン活用による脱CO_2体系図

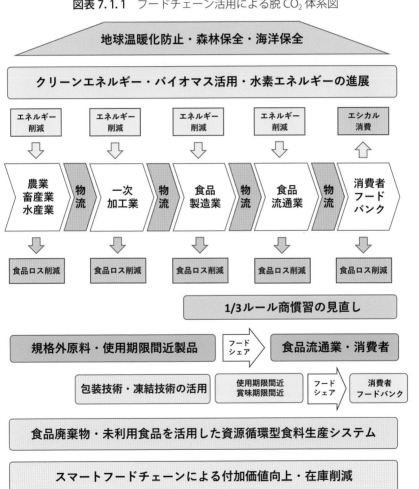

出典：筆者

食品産業の脱炭素化を目指して

7.2 フードチェーンによる 食品ロス削減の取組み

　日本は現在、年間 600 万トンもの食品ロスが発生しています。過剰在庫や返品等、製造業・卸売業・小売業にまたがる課題についてはフードチェーン全体で解決していく必要があります。

　農林水産省は、2012 年度に「食品ロス削減のための商慣習検討ワーキングチーム」を設置し、その取組みを支援しています。常温流通の加工食品については、「納品期限の緩和」「賞味期限の年月表示化」「賞味期限の延長」を三位一体で推進しています。特に業界の商慣習ともいわれる 1/3 ルール（食品製造企業は賞味期限の 1/3 を超えたら流通に出荷できない）は、大きな食品ロスを生んでいます（**図表 7. 2. 1**）。

　納品期限については、清涼飲料と賞味期間 180 日以上の菓子について、大手の食品スーパー、コンビニを中心に見直しが進んでいますが、食品小売業への展開や対象品目の拡大が課題になっています。

　また、「年月表示」が認められているのは賞味期限のみで、かつ「製造日から賞味期限までの期間が 3 カ月を超える場合」に限られています。例えば、「2023 年 2 月 20 日」が賞味期限の商品を年月表示にすると 2 月 20 日を超える表記はできないため「2023 年 1 月」となります。実質賞味期限が短くなりますが、メリットもあります。

　例えば、1 カ月間に製造されたものは同じ扱いで卸し、販売することができることから、賞味期限の古い商品は納入しない慣行となっているため、物流拠点間の商品の転送ができなかった在庫が、転送可能となることで食品ロス発生が抑制されます（**図表 7. 2. 2**）。

　また、賞味期限表示が大括り化されることで、商品の管理単位が少なくなり、製・配・販各層で保管・配送・入出荷等の効率化が期待されます。消費者にとっても、「年月日表示」では、棚にある中で、できるだけ賞味期限が長い商品を取ろうとしますが、「年月表示」にすることで売れ残りが減ります。

フードチェーンによる食品ロス削減の事例としては、「2.6 ふぞろい農産物の見直しで食品ロス削減」において、流通業の「らでぃっしゅぼーや」が、食品ロス削減と生産農家支援のための取組みで、規格外野菜や海産物を消費者に届ける試みを紹介しています。

図表 7.2.1 1/3 ルール商慣習の見直し

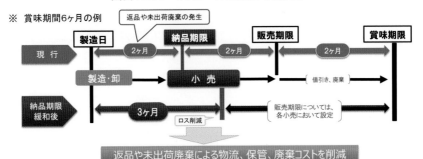

出典：農林水産省

図表 7.2.2 賞味期限の年月表示化の効果

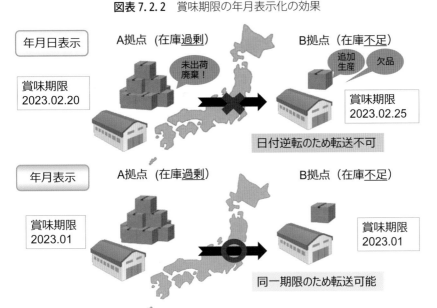

出典：農林水産省 HP を一部改編

食品産業の脱炭素化を目指して

7.3 マッチングによるフードシェアで食品ロス削減

フードシェアリングとは、食品ロス削減に関する取組みで、何もしなければ廃棄されてしまう食品を消費者のニーズとマッチングさせることで、食品ロスの発生や、廃棄物を減らす仕組みです。食品ロスになる可能性のある商品を、食品ロス削減に賛同するメーカー・団体・店舗などから協賛価格で提供を受け、安い価格で消費者に販売します。

マッチング方法は、スマートフォンのアプリなどを通じて行います。お店や生産者が、そのままだと廃棄されそうな商品の情報を発信し、ユーザーがアプリや EC サイトを通じて購入する仕組みです。

次に現在運営されているフードシェアリングの代表的なマッチングを紹介します。

① **飲食店・小売店と消費者のマッチング**

店側がメニューや商品の中で、本日廃棄になりそうなものをアプリに掲載し、それを見た消費者が、食品を選んで購入の手続きをします。購入者は、現地へ出向き希望の食品を受け取ります。

② **生産者、食品企業と消費者、または飲食店のマッチング**

生産者や食品企業などが、規格外の野菜や果物、賞味期限切れ間近の食品などを、EC サイト上に掲載します。消費者または飲食店は、サイトを通じて購入し、食品は直接購入者の元へ送られます。比較的、賞味期限の長い食品が扱われます。

③ **フードバンクなどへ提供するタイプ**

フードバンクとは、寄付などによって得た食品を、子ども食堂や生活困窮者へ提供する活動を行う団体で、生産者・食品企業・飲食店・小売店が廃棄の危機にある食品を、フードバンクへ寄贈します。

ここでは、株式会社コークッキングが EC サイト TABETE でフードシェアリングを運営するシステムを紹介します（**図表 7.3.1**）。

① 近くで助けを求めているいるお店の商品を、アプリで検索
② 食べたい食事を見つけたら、引取時間を設定してその場で決済
③ 指定の時間になったらお店に訪問し、決済は済んでいるので、引き取りはアプリ画面を見せるだけ
④ おいしい食事を持ち帰って楽しみながら、食品ロスを防ぐことができ、地球環境に貢献

　店舗側のメリットは、食品ロスに理解のあるユーザーとマッチングし、ロスの危機にある商品の売り切ることが可能、値引き販売してもブランド棄損にならない、店頭での値引き待ち客は登場しないなどです。一方、ユーザーのメリットは、食品ロス削減や店舗の応援というエシカル意識ができ、精神的に満足感のある買い物ができます。

　2022年11月現在、ユーザー数は55万人、店舗数は全国で2,455店あり、順調に伸びています。導入店舗としては、パン、洋菓子、ホテル、カフェ、外食などさまざまです。効果として、TABETE導入後、食品処分金額が87%削減した事例もあります。

図表 7.3.1　TABETE の使い方

出典：株式会社コークッキング

食品産業の脱炭素化を目指して

7.4 日本で広まる サステナブルレストラン

　イタリアのモデナにあるミシュラン三ツ星レストラン「Osteria Francescana（オステリア・フランチェスカーナ）」のオーナーシェフであるマッシモ・ボットゥーラが発起人となって設立した非営利団体「Food for Soul（フード・フォー・ソウル）」の活動が注目されています。2015年に開催されたミラノ国際博覧会で「食」をテーマにした万博期間中、会場で余った食材を使い、世界中から集まったスターシェフたちにより、1日約100人の"招待客"が食事を楽しみました。

　このような活動が、農業・水産業と流通業のフードチェーンを活用して食品ロス削減という意識を醸成させていきます。日本でも前述のような、活用されず廃棄される運命の食材をレストランで有効活用している取組みが出てきました。

　秋田県の海には約400種類もの魚が生息しているにもかかわらず、そのうちの約100種類しか市場に出回っていません。残りの300種類は釣れても市場に出回ることなく破棄され、また市場に出回る約100種の魚も規格が小さいものも廃棄されています。

　秋田県の未利用魚を活用したいという想いに、Z世代総合研究所の「SDGz プロジェクト」と東急プラザが賛同して、2021年11月限定で「SDGs レストラン」が実現しました（**図表7.4.1**）。そこでは、一般消費者になじみのない魚を活用した「ハツメのフリット」や「幻魚（ゲンゲ）の煮付け」などが提供されました。

　近年日本近海では天然魚貝藻類の不漁が多く報じられており、これまで天然魚しか食材として使用してこなかった和食の高級料理店は、将来の水産物供給に危機感を抱いています。そこで、日本料理店雲鶴の料理長である島村社長が中心となり、関西の有名和食料理人とともに、RelationFish 株式会社を2022年2月に設立しました。

　同社は、大学研究機関と未利用魚の利用促進と魚粉使用が少ない

魚種の養殖技術開発の共同研究を開始しました。今回の共同研究では「アイゴ」が対象魚種として選ばれました（**図表 7. 4. 2**）。アイゴは植食性を有することから、近年では磯焼けの原因ともされ、駆除の対象となっており、漁獲物が利用されれば、害魚駆除と未利用魚の利用という一石二鳥の利点が図れます。2022 年 10 月には、「いただきますを考える会」が大阪で開催され、「アイゴ」の調理実演と試食が行われました。

図表 7. 4. 1　未利用魚デビュープロジェクト

出典：Z 世代総合研究所

図表 7. 4. 2　未利用魚アイゴの養殖

出典：RelationFish 株式会社

食品産業の脱炭素化を目指して

7.5 持続性が高い資源循環型の食料生産システム

　米や野菜などの農産物を収穫した後の、わらや収穫くずが家畜のえさとなり、その家畜のふんから堆肥が作られ、その堆肥で農産物が育つ。このように、有機資源を循環させながら農産物を生産する営みは、持続性が高い理想的な農業体系といえます。すなわち、畜産や農業で出る廃棄物などを地域の有機資源として有効に活用し、環境に配慮した持続性の高い農業、いわゆる「資源循環型農業」に取組む動きが各地で見られるようになっています。

　また農水省では、環境とのバランスが取れた農業生産を推進するために、次の3つの技術を「持続性の高い農業生産方式」として定めており、「資源循環型農業」への活用を図っています。

　①　堆肥を施用して土壌改善の効果を高める技術

　②　化学肥料の割合を減らした施肥技術

　③　少ない農薬使用量で有害な動植物を防除する技術

　さとうきび産地である鹿児島県の奄美市笠利町では、製糖段階で発生する副産物を活用した資源循環型農業が実践されています。さとうきびから砂糖を製造する際には、さとうきびの収穫残さ（ハカマ）や搾りかす（バガス）、バガスの燃えカス（灰）、製糖過程で発生する不純物（ケーキ）など、さまざまな副産物が発生します。

　一方、奄美市笠利町は肉用子牛の飼育も盛んで、牛糞堆肥がさとうきび畑などの肥料として以前より用いられてきました。そこで、奄美市有機農業支援センターは、ハカマなどの副産物と牛糞、鶏糞、島内の廃材業者から受け入れるチップなどを混ぜ合わせて堆肥を製造し、さとうきび生産者はもちろんのこと、野菜や果樹の生産者に販売しています。さとうきび生産者は、センターで製造された堆肥を畑に散布し、化学肥料の使用で地力が低下してしまった土壌の改善に役立てています。

　また、肉用子牛生産者も、ゆうのうセンターから提供されたチッ

プや、さとうきび生産者から提供されたハカマを、牛の寝床に敷く
敷料の中に混ぜて利用しています。さらに、さとうきびの先端の茎
や葉は、栄養価が高く牛が好んで食べるため、飼料として利用され
ています。

　このように奄美市笠利町では、さとうきびが各分野の農業の結
びつきを強め、資源循環にも大きな役割を果たしています（**図表
7.5.1**）。

図表 7.5.1　さとうきびを中心とした地域資源循環

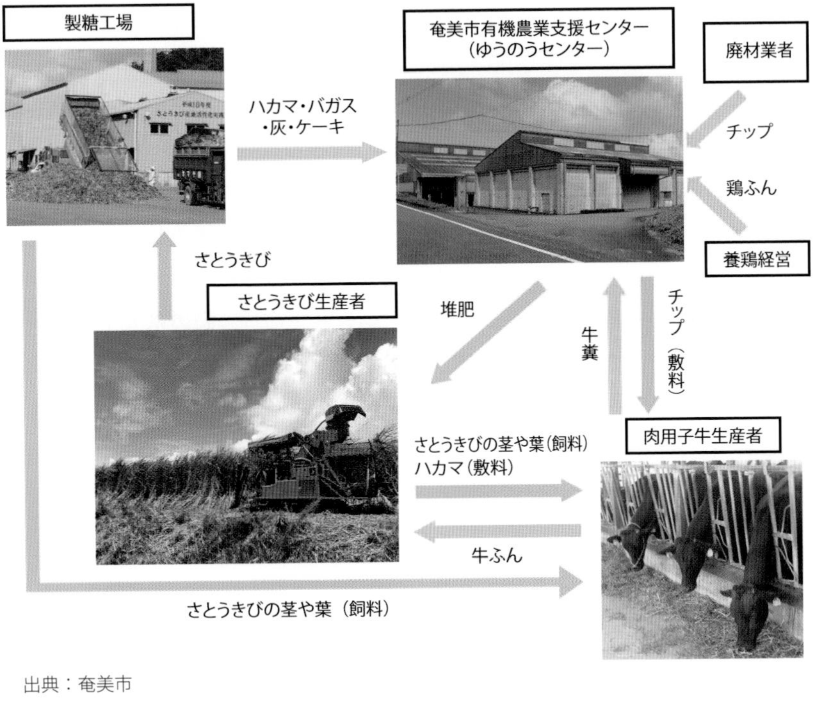

出典：奄美市

食品産業の脱炭素化を目指して

7.6 食のサーキュラー エコノミーを目指して

　サーキュラーエコノミーとは、廃棄対象とされていたモノを、資源として活用する仕組みです。食品に置き換えると、廃棄予定・廃棄された食品を他のモノとして活かすということです。欧州では2030年までに4.5兆米ドルまでサーキュラーエコノミーの市場規模が膨らむと予測されています。

　株式会社4Natureの展開するサトウキビストローは従来、産業廃棄物として処理されていたサトウキビの搾りかすにPLA樹脂（ポリ乳酸）を加え、アップサイクルさせることで生まれた製品です（**図表7.6.1**）。直径6mm・8mm・12mmの製品ラインナップがあり、厚さは従来のプラスチックストローと変わりなく、耐久性や飲み心地も大差ありません。

　同社はサトウキビストローが販売されてから、約4年間でコーヒーショップを中心とした全国約1,000店舗に提供先を増やしてきました。使用済みのサトウキビストローが溜まったら店頭から回収し、様々な形で堆肥化に取り組んできました（**図表7.6.2**）。

　生分解かつ100%天然成分という特徴から、堆肥化させた際にも土壌への影響もありません。農業と製造業、流通業のフードチェーンを活用して、サーキュラーエコノミーを実現しています。

図表7.6.1　サトウキビストロー

出典：株式会社4Nature

　現在、年間8,000億円以上の税金が食品を燃やすために費やされています。また、畜産業では、穀物高騰による飼料費用の増大が問題となっています。そ

こで、株式会社日本フードエコロジーセンターは、食品リサイクルビジネスを神奈川県相模原市で展開しています。

　食品リサイクルの方法で「飼料化」は、安全性の確保、品質の安定化等の制約が大きく（塩分、油分の多いもの、食べ残しは不向き）、全てを飼料化することは難しい状況です。同社は、コンピュータによる成分管理や殺菌発酵技術による安全性の確保などの技術を用いて、「リキッド発酵飼料」を製造し、契約養豚場に適正価格で販売しています。すなわち、食品関連事業者と養豚事業者の双方がコストダウンし、同社は双方からの収入があるために、継続性の高い雇用確保のサーキュラーエコノミーを実現しています（**図表 7.6.3**）。

図表 7.6.2　サトウキビストローを堆肥化

STRAWS ECO SYSTEM

出典：株式会社 4Nature

図表 7.6.3　サーキュラーエコノミーのビジネスモデル

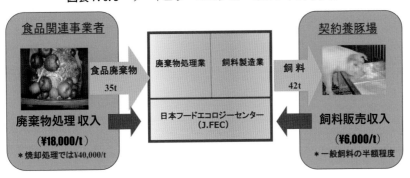

出典：株式会社日本フードエコロジーセンター

食品産業の脱炭素化を目指して

7.7 スマートフードチェーンによる食の付加価値向上

食品流通においては、加工食品はほとんどの商品がロット番号で履歴管理がされています。しかし、農産物や水産物といった生鮮食品では、牛肉以外では、ロット管理などはほとんどされていません。すなわち、畑や水田などの生産の現場のデジタル化が進み、せっかく生産にかかわるさまざまなデータがあっても、生産履歴と農産物は出荷してしまった後には結びつきません。

この問題を解決するためのプロジェクトがスマートフードチェーン構築事業です。生産から流通、消費までのフードチェーンにおいて、農産物等を出荷箱単位で情報管理するために、各段階のデータを連携させる事業です。これは、生産にかかわるデータと流通・販売にかかわるデータの連携を通じて、業務効率化や在庫の最適化などを通した CO_2 削減に寄与するだけではなく、フードチェーンの付加価値向上につなげることを目指す取組みです（**図表 7.7.1**）。

スマートフードチェーンの構築によって、産地や生産者の商品情報をサプライチェーンの下流である小売業や消費者に伝えられるようになります。例えば、卸・小売店や消費者は QR コードから商品情報や産地情報を簡単に取得できるようになります。また、小売業の販売履歴データや、消費者の購買履歴データなどを生産者や種苗会社が取得することで、新しい品種開発や、播種時期の選定に活用できるようになります。

そして、2021 年度 6 月から「スマート・オコメ・チェーン」がスタートしました。スマートフードチェーンを米の分野で構築するというプロジェクトです。お米は、日本人の主食であり、重要な農産物です。本プロジェクトは、農水省が主管し、「スマート・オコメ・チェーンコンソーシアム」という組織が中心となって推進しています。

スマート・オコメ・チェーンは、コメ流通の DX 化であり、生産履歴データ、検査データ、流通データを連携して、コメのトレーサビリティ管理が可能になります（**図表 7.7.2**）。また、輸出先国に

図表 7.7.1 スマートフードチェーン

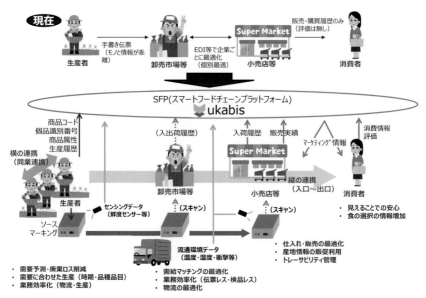

出典:（公財）流通経済研究所、農林水産省

図表 7.7.2 スマート・オコメ・チェーンの推進

出典:農林水産省

食品産業の脱炭素化を目指して

合わせた検査結果データや、産地証明書等の電子発行によるコメ輸
出の加速に貢献します。

　スマート・オコメ・チェーンコンソーシアムの会員である、埼玉
県川越市で米穀販売業を営んでいる株式会社金子商店（結の蔵）は、
スマートフードチェーンのアウトプットにヒントを与えるような
活動を実施しています（**図表 7.7.3**）。同社は、おいしく、安全で、
環境に配慮したお米にこだわり、五ツ星お米マイスターである金子
社長が全国の米産地に足を運びます。田んぼとその周りを取り巻く
環境や栽培方法、生産者の想いまでをしっかりと確認することで、
おいしいお米を探し出します。

　また、お米の成分（たんぱく質やアミロースなど）によってもお
いしさに違いが出てきます。お米のたんぱく質、水分、脂肪酸を測
定することによって、お米の味を推定することができます。しかし、
お米の味は上記の成分の他に、歯ざわり等の物理的要素や、色・に
おいなどの視覚的、臭覚的要素等も加わって、相互に複雑に作用し
ています。

　そのため、金子商店は、消費者が購入する際の目安として、お米
の成分や品質を数値化したり、食感についてはチャートにして見え
る化しています（**図表 7.7.4**）。このチャートは、「しっかり⇔やわ
らか」と「もっちり⇔あっさり」の軸でできた 4 象限マトリクスに、
毎年度、各産地のお米を金子社長が評価したもので、店頭に来る消
費者に公開することで、「お米の違いやどんな料理に合うのか」と
いう消費者のニーズに応えています。

図表 7.7.3　金子商店（結の蔵）の店舗

出典：株式会社金子商店

図表 7.7.4　食感チャート

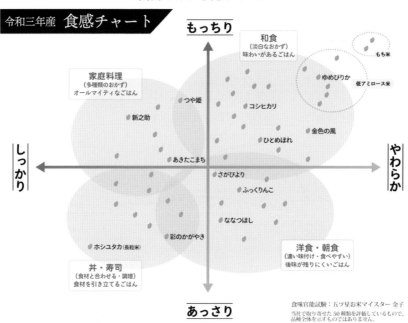

出典：株式会社金子商店

食品産業の脱炭素化を目指して

7.8 CO₂ を吸収する森林から生まれるビジネス

　カーボンニュートラルとして、CO₂ を森林で吸収するのは大きな役割を担っています。日本の森林面積は 2,500 万 ha（天然林：50％、人工林：40％）もあり、国土の 68.5％にも及んでいます。そのうち、日本固有種であるスギは 500 万 ha を占めます。

　ところが、ここに大きな問題があります。森林の老化が進行中であり、51 ～ 60 年の年齢のスギは、11 ～ 20 年の年齢に比べて、CO₂ 吸収量が約半分になってしまいます（**図表 7.8.1**）。また高齢樹は花粉も多く、伐採・植林が急務となっています。

　しかし現在では森林資源の需要がなく、実際には年間 2,000 万トンの森林資源が放置されています。もし、森林の伐採・植林が進めば、エリートツリー（最も成長がすぐれた個体樹）の開発も相まって、CO₂ 吸収量は飛躍的に伸びていくといわれています。

　そこで、持続可能な社会の実現を目指し、環境に優しい素材としての木材の新たな開発に注目が集まっています。例えば、海洋動物

図表 7.8.1　日本の森林の老化が進行中

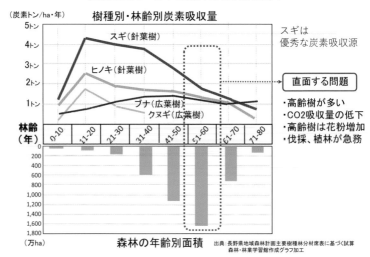

出典：株式会社リグノマテリア

に危険を与える可能性があるプラスチック製品の代替品として、木や紙でできた製品が活用され始めています。木材の主成分が原料であるバイオマス素材は、生産・廃棄時の環境負荷を軽減できます。その代表的な新素材が、セルロースの繊維をナノメートルレベルまでほぐした、セルロースナノファイバー（CNF）や、ポリエチレングリコールによってリグニンを改質した「改質リグニン」です。

　CNFは、植物由来の次世代素材です。木材から化学的・機械的処理により取り出されたナノサイズの繊維状物質で、軽量ながら高強度、優れた増粘性、保湿性や保水性など、多様な特性を持ちます。それらの特徴を踏まえCNFを使った商品化が進められています。

　一方、改質リグニンは耐熱性などの機能と加工性を併せ持ち、高い性能を求められるエンジニアリングプラスチックの代替品として期待されています。この改質リグニンはスギの中に3割ほど含有するリグニンという成分から生成抽出されます（**図表7.8.2**）。

　しかし、今までのリグニン誘導品は、機械的強度に優れ高耐熱性等の高いポテンシャルを有しますが、パルプ工業の副産物からの抽出物しか製造されておらず、安定な品質が求められる高性能素材工業での製品化は困難とされてきました。

　グリコールリグニン（改質リグニン）は、森林研究・整備機構森林総合研究所の山田博士が開発した、日本の森林資源から作るバイオ由来の新素材で、リグニンをポリエチレングリコールで抽出し、誘導体化を実現したもので、さまざまな工業材料への展開が可能な日本発の新素材として期待されています。

　株式会社リグノマテリアは、この技術を大量生産によるコストダウンを進めることで、製品化をするための検討を進めています。具体的には、林野庁からの補助を得て、年間約100トン製造可能な実証プラントを常陸太田市に設置して、量産検討をしつつ、サンプル販売をしています（**図表7.8.3**）。

　改質リグニン事業の展開を促進するための官民連携の体制構築が図られ、2021年に（社）新・森林資源－改質リグニン－普及産業会が設立されました。民間からは約110社が参画し、脱炭素社会の実現に向けて推進しています。

食品産業の脱炭素化を目指して

図表 7.8.2　木質新素材の開発

木質新素材

その他

ヘミセルロース
（約20%）

杉の成分

リグニン
（約30%）

セルロース
（約50%）

CO₂を吸収する木質由来
=カーボンマイナス

SDGsにも準じた
石油に代わる原材料

セルロース
ナノファイバー

- 日本発の新素材
- 鉄を上回る強度
- 鉄よりも遥かに軽い

グリコール
リグニン

・加工性がプラスチック
　並みの木質新素材
・生分解性・高耐熱・
　高機械特性・絶縁性

木質新素材が期待される応用分野

自動車部品

電子基板

スマートフォン

出典：株式会社リグノマテリア

図表 7.8.3　改質リグニン実証設備

出典：株式会社リグノマテリア

8.

カーボンニュートラル
制度の活用

8.1 食品産業における
CO_2 排出量の計算方法

　日本において、2030年までに温室効果ガスの排出量を46%削減（対2013年度）、2050年までに実質ゼロにするという目標が2021年11月に掲げられ、食品製造業にもCO_2算出という要求が、大手食品小売から出されてきています。

　これを受けて、原材料調達から食品工場での生産、倉庫での冷凍・冷蔵保管、配送に至るまでの食品会社のフードチェーンにおけるCO_2排出量を算定する動きが出てきています。しかし、中小の食品工場では、どのように算定したらよいか戸惑っているのが実情です。ここでは、フードチェーンを踏まえた食品工場でのサプライチェーンCO_2排出量の算定をわかりやすく解説します。

　サプライチェーン排出量は、事業者のサプライチェーンにおける事業活動に伴って発生する温室効果ガス排出量全体をさし、直接排出量（Scope1排出量）、エネルギー起源間接排出量（Scope2排出量）及びその他の間接排出量（Scope3排出量）から構成されます（**図表8.1.1**）。

　この中で、Scope1と2の温室効果ガス排出量の算定は、環境省WEBサイト「温室効果ガス排出量算定・報告・公表制度」を参照することになります。改正された「地球温暖化対策の推進に関する法律」に基づき、2006年4月から、温室効果ガスを多量に排出する者（特定排出者：エネルギー使用量合計が1,500kl/年）に、自らの温室効果ガスの排出量を算定し、国に報告することが義務付けられています。また、国は報告された情報を集計し、毎年公表しています。

　前述のエ Scope1と2の温室効果ガス排出としては、食品工場での生産に使用される「ボイラー等の燃料の使用」、「他者から供給された電気の使用」、「他者から供給された熱の使用」などがあります。その他に、食品工場で該当するものに、メタンや一酸化二窒素が排出される「工場排水の処理」が該当します。

図表 8.1.1　サプライチェーン排出量の概要

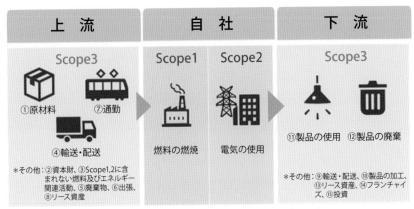

Scope1：事業者自らによる温室効果ガスの直接排出（燃料の燃焼、工業プロセス）
Scope2：他者から供給された電気・熱・蒸気の使用に伴う間接排出
Scope3：Scope1,2以外の間接排出（事業者の活動に関連する他社の排出）

出典：環境省

図表 8.1.2　サプライチェーン排出量の算定

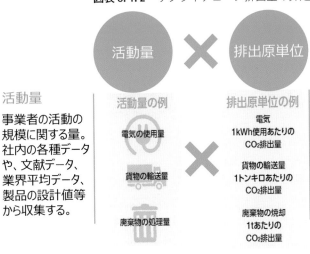

活動量

事業者の活動の規模に関する量。社内の各種データや、文献データ、業界平均データ、製品の設計値等から収集する。

排出原単位

活動量あたりのCO$_2$排出量。基本的には既存のDBから選択して使用するが、排出量を実測する方法や取引先から排出量情報の提供を受ける方法もある。

出典：環境省

食品産業の脱炭素化を目指して

次に、抽出した活動ごとに、政省令で定められている算定方法・排出係数を用いて排出量を算定します。「温室効果ガス排出量」＝「活動量」×「排出係数」となります。次に、温室効果ガスごとの排出量を CO_2 の単位に換算します。「CO_2 換算排出量」＝「活動量」×「排出係数」×「地球温暖化係数（GWP）」が公式となっています。

　ちなみに、二酸化炭素に比べメタンは 28 倍、一酸化二窒素は 300 倍、エアコンや冷蔵庫などの冷媒のフロン類は 1,400 倍も地球温暖化能力があります。したがって、1 トンのメタンが排出されたとすると、28t-CO_2 すなわち二酸化炭素換算で 28 トンの温室効果ガスが排出された、ということになります。

　工場で代表的な温室効果ガス排出は電力の使用ですが、各電力会社の排出係数は、環境省が公開している「電気事業者別排出係数」に掲載されており、「排出係数（t-CO_2/kwh）＝ CO_2 排出量÷販売電力量」となります。電力会社はこの排出係数を抑えるために、再生可能エネルギー発電の利用などを進めています。2020 年度実績では、東京電力の基礎排出係数は 0.00045 であり、関西電力は 0.00036 と電力会社によっても数値が違います。

　サプライチェーン排出量の把握・管理を効果的に行うためには、自社が他の事業者と連携することによって、サプライチェーンの各段階における実際の排出量データを収集し、積み上げて算定することになっています（**図表 8. 1. 2**）。

　しかし、現実的には排出量データの取得が容易ではありません。事業者が比較的把握しやすいデータから算定できるよう、サプライチェーンを自社と、上流・下流に区分し、区分ごとに算定方法の考え方をまとめていきます。

　Scope3 基準では、15 カテゴリに分類されており、カテゴリ 1 ～ 8 の「原則として購入した製品やサービスに関する活動（調達先）」を上流、カテゴリ 9 ～ 15 の「原則として販売した製品やサービスに関する活動（販売先）」を下流と定義しています（**図表 8. 1. 3**）。

　サプライチェーン排出量算定は、事業者自らの排出量だけでなく事業活動にかかわる全ての排出量を算定することにより、企業活動全体を把握、管理することが目的です。また、サプライヤー排出量

図表 8.1.3 Scope1/2/3 のカテゴリ分類

区分		カテゴリ	算 定 対 象
自社の排出			
		直接排出（SCOPE1）	自社での燃料の使用や工業プロセスによる直接排出
		エネルギー起源の間接排出（SCOPE2）	自社が購入した電気・熱の使用に伴う間接排出
その他の間接排出（SCOPE3）			
上流	1	購入した製品・サービス	原材料・部品、仕入商品・販売に係る資材等が製造されるまでの活動に伴う排出
	2	資本財	自社の資本財の建設・製造から発生する排出
	3	Scope1,2 に含まれない燃料及びエネルギー関連活動	他社から調達している電気や熱等の発電等に必要な燃料の調達に伴う排出
	4	輸送、配送（上流）	原材料・部品、仕入商品・販売に係る資材等が自社に届くまでの物流に伴う排出
	5	事業から出る廃棄物	自社で発生した廃棄物の輸送、処理に伴う排出
	6	出張	従業員の出張に伴う排出
	7	雇用者の通勤	従業員が事業所に通勤する際の移動に伴う排出
	8	リース資産（上流）	自社が賃借しているリース資産の操業に伴う排出（Scope1,2 で算定する場合を除く）
下流	9	輸送、配送（下流）	製品の輸送、保管、荷役、小売に伴う排出
	10	販売した製品の加工	事業者による中間製品の加工に伴う排出
	11	販売した製品の使用	使用者（消費者・事業者）による製品の使用に伴う排出
	12	販売した製品の廃棄	使用者（消費者・事業者）による製品の廃棄時の輸送、処理に伴う排出
	13	リース資産（下流）	賃貸しているリース資産の運用に伴う排出
	14	フランチャイズ	フランチャイズ加盟者における排出
	15	投資	投資の運用に関連する排出
	16	その他	従業員や消費者の日常生活に関する排出等

出典：環境省

食品産業の脱炭素化を目指して

は自社排出量よりもはるかに大きいというケースもあり、CO_2削減を実現するためには、自社だけでなく、サプライチェーン全体でのCO_2削減においても算出して検討する必要があります。

　また、サプライチェーン排出量算定は、次の効果も期待できます。

①サプライチェーンにおいて排出量の多い部分や、削減ポテンシャルの大きい部分を明確にできる

②サプライチェーンを構成する他の事業者や製品の使用者などへの働きかけにより、関係者間での脱炭素の理解促進、事業者間の協力でCO_2削減を進めることができる

③サプライチェーン排出量を可視化し公表することで、投資家、消費者、地域住民などステークホルダーに対する説明責任を果たし、企業価値を向上することができる

④自社のサプライチェーン排出量の経年変化を把握することで、環境経営指標として活用できる

　サプライチェーン排出量の算定、削減目標、具体的な取組みの方法ですが、スコープごとに設定するのが一般的になっています（**図表8. 1. 4**）。「スコープごとのCO_2削減の取組み」として、企業HPで公開したり、顧客に報告することもあります。

図表8. 1. 4 Scope ごとの CO_2 削減の取組み

	Scope 1	Scope 2	Scope 3
今年度排出量	10,000 tCO2/年	5,000 tCO2/年	3,000 tCO2/年
削減目標	2030年までに、2020年比で50%削減	2030年までに、2020年比で40%削減	2030年までに、2020年比で30%削減
具体的取組み	燃料を石油から天然ガスに切り替え	自家消費型太陽光発電の導入	資材をCO2排出の少ないものに変更　事業で出る廃棄物をリサイクルで削減

出典：筆者

コーヒーブレイク③

CO_2 間接排出（スコープ 3）の削減

　筆者のクライアントから、「CO_2 の間接排出（スコープ 3）の項目の削減案を探すのが難しい」という声を最近時々聞きます。例えば、「購入した製品サービス」の項目で、「原料の調達、包装材の調達、消耗品の調達」に関する CO_2 排出量が該当しますが、排出量を算定したからといって、どのように CO_2 を削減するかという方法論に悩みます。

　そこで、本書には盛りだくさんの CO_2 削減に通じるヒントが掲載されています。例えば、牛肉の原材料の調達については、プラントベース食品や昆虫食、培養肉などの進展が 3 章に掲載されています。不揃い農産物や未利用魚の活用なども参考になります。

　また、包装材については、鉱物を利用した材質や食べられるパッケージが紹介されています。さらに、賞味期限を延長する手法として「ガスバリア性」の高い包装材の活用もあります。

　そして、食品関連事業から出る廃棄物やその輸送についての CO_2 の関節排出削減対策としては、バイオマスを活用した新エネルギーシステムの活用や物流におけるモーダルシフトの試みが参考になります。

ECOLOGY ACTIVITY

食品産業の脱炭素化を目指して

8.2 カーボンオフセットで CO₂ 排出量ゼロを目指す

　カーボンオフセットとは、市民、企業、NPO/NGO、自治体、政府などの社会の構成員が、自らの温室効果ガスの排出を認識し、主体的にこれを削減する努力を行うとともに、削減が困難な部分の排出量について、他の場所で実現した温室効果ガスの排出削減・吸収量など（クレジット）を購入すること、または他の場所で排出削減・吸収を実現するプロジェクトや活動を実施することなどにより、その排出量の全部、または一部を埋め合わせるという考え方です（**図表 8. 2. 1**）。

　例えば、ある食品企業が現状の CO₂ 排出量を計算して、2030 年に向けての削減目標を掲げたとします。しかし努力しても、サプライチェーン排出量の削減が困難であれば、カーボンオフセットとして温室効果ガス排出量を埋め合わせる取組みを実施します（**図表 8. 2. 2**）。実際には、Ｊークレジットを購入することで、CO₂ 排出量を埋め合わせすることになります。

　道の駅「にちなん日野川の郷」は、鳥取県米子から南に約 35km の日南町にあり、暮らし・楽しみ・環境保全の中心として、生産者と消費者をつなげる「地方創造マルシェ型道の駅」です。

　同施設は、運営から生じる CO₂ を日南町有林Ｊークレジットを利用してカーボンオフセットする、全国初の CO₂ 排出量ゼロの道の駅です。

　そして、すべての商品に 1 品 1 円のクレジットを付与した寄付型オフセット商品を販売し、お客様が町の森林保全活動に貢献できる仕組みにしています（**図表 8. 2. 3**）。お客様からお預かりした 1 品 1 円の累計金は、年度末にまとめて日南町有林Ｊークレジットの購入を通じて、町の森林資源を守る活動に充てられています。

図表 8.2.1　カーボンオフセットとは

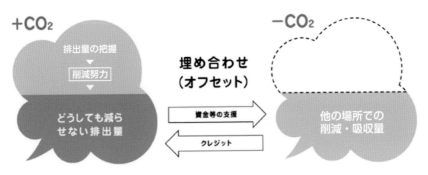

出典：環境省（カーボンオフセットレポート）

図表 8.2.2　カーボンオフセットの取組み

出典：環境省（カーボンオフセットガイドライン）を一部改編

135

図表 8.2.3　にちなん日野川の郷

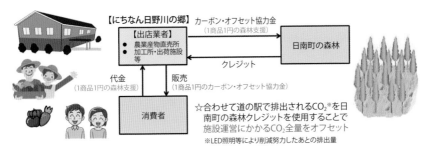

出典：農林水産省

食品産業の脱炭素化を目指して

8.3 脱炭素社会に向けた J－クレジット制度の活用

　J－クレジット制度とは、省エネルギー設備の導入や再生可能エネルギーの利用による CO_2 の排出削減量や、適切な森林管理による CO_2 の吸収量を「クレジット」として国が認証する制度です。本制度により創出されたクレジットは、経団連カーボンニュートラル行動計画の目標達成やカーボンオフセットなど、さまざまな用途に活用できます（**図表 8. 3. 1**）。

　ここでは、J－クレジット創出者のメリットを挙げます。

① ランニングコストの低減

　省エネ設備の導入や再生可能エネルギーの活用により、ランニングコストの低減や、クリーンエネルギーの導入を図ることができます。

② クレジット売却益

　設備投資の一部を、クレジットの売却益によって補い、投資費用の回収やさらなる省エネ投資に活用できます。

③ CO_2 削減による PR 効果

　自主的な排出削減や吸収プロジェクトを行うことで、温暖化対策に積極的な企業、団体として PR することができます。

　次に、J－クレジット購入者のメリットを挙げます。

① 環境貢献企業としての PR 効果

　クレジットの購入を通して、日本各地の森林保全活動や中小企業等の省エネ活動を後押しすることができます。

② 製品・サービスの差別化

　製品・サービスにかかわる CO_2 排出量をオフセットすることで、差別化・ブランディングに利用可能です。

　同制度では、2022 年 11 月で、63 の方法論が承認されています。内訳は、省エネルギー 40、再生可能エネルギー 9、工業プロセス 5、農業 4、廃棄物 2、森林 3 となっています（**図表 8. 3. 2**）。

　またクレジットは、①相対取引と②入札販売の 2 つの方法があります。相対取引は、制度 HP に売り出しクレジットを掲載、または

仲介事業者を利用します。掲載後6カ月以上経過しても取引が成立しない場合は、入札販売となります。

図表 8.3.1　J－クレジット制度の仕組み

出典：J－クレジット制度ホームページ　https://japancredit.go.jp/

図表 8.3.2　クレジット創出の方法論

分類	方法論名称	分類	方法論名称
省エネルギー	ボイラーの導入	再生可能エネルギー	バイオガス（嫌気性発酵によるメタンガス）による化石燃料又系統電力の代替
	ヒートポンプの導入		水力発電設備の導入
	空調設備の導入		バイオ液体燃料（BDF・バイオエタノール・バイオオイル）による化石燃料又は系統電力の代替
	照明設備の導入		豚・ブロイラーへの低タンパク配合飼料の給餌
	冷凍・冷蔵設備の導入	農業	家畜排せつ物管理方法の変更
	電動式建設機械・産業車両への更新		茶園土壌への硝化抑制剤入り化学肥料又は石灰窒素を含む複合肥料の施肥
	園芸用施設における炭酸ガス施用システムの導入		バイオ炭の農地施用 NEW
再生可能エネルギー	バイオマス固形燃料（木質バイオマス）による化石燃料又は系統電力の代替	森林	森林経営活動
	太陽光発電設備の導入		植林活動

出典：農林水産省

食品産業の脱炭素化を目指して

8.4 国際的な SBT 認定に 向けて CO₂ 削減目標設定

SBT（Science Based Targets）は「科学的根拠に基づく目標」と訳されます。産業革命以来の気温上昇を 2℃未満に抑えることを目指して、各企業が設定した温室効果ガスの排出削減目標とその達成に向けた国際イニシアチブのことを示し、5 年から 15 年先を目標年として企業が設定し、パリ協定に沿った内容となっています。

SBT は国際的な認定制度であり、CO₂ 排出量に関係なく大企業、中小企業のどちらも認定を受けることができます。日本における SBT の参加企業数は、2022 年 12 月現在、認定企業 309 社、*コミット企業 66 社、合計 375 社まで急拡大しています

SBT 認定取得のメリットとしては、次の 4 つの項目があります。

① 企業の技術革新を促す

② 規制の不確実性を軽減できる

③ 投資家の信頼・信用を強化する

④ 収益を上げ競争力を高める

SBT 認定要件としては、気温上昇を 2℃以内に抑えるために、毎年少なくとも温室効果ガスの 2.5％削減を目標とする必要があります。推奨としては、1.5℃未満に抑えるために、4.2％削減を目標としています。また、SBT では企業自らの直接排出分だけでなく、サプライチェーン全体の温室効果ガスの削減が求められています（**図表 8.4.1**）。

明治ホールディングス株式会社は、2021 年 9 月に SBT 認定を取得しました。また、2022 年 8 月には、2050 年カーボンニュートラルの実現に向けたロードマップを策定しました（**図表 8.4.2**）。2030 年度に 2019 年度比で、Scope1 ＋ 2 の CO₂ 排出量を 50％削減、Scope 3 の CO₂ 排出量 30％削減を目指し、さらに 2050 年カーボンニュートラルの実現を目指しています。この目標達成に向けて、省

138

＊コミット企業：2 年以内に SBT 認定の取得宣言企業

エネ設備の導入や再生可能エネルギー由来の電力への切り替え、サプライヤーへの積極的な働きかけなどを進めています。

図表 8.4.1　SBT の要件

目標年	申請時から5年以上先、10年以内の目標
基準年	2015年以降。最新のデータが得られる年で設定することを推奨
対象範囲	サプライチェーン排出量（Scope1＋2＋3）。ただしScope3がScope1〜3の合計の40％を超えない場合には、Scope3の目標設定の必要は無し
目標レベル	以下の水準を超える削減目標を設定すること Scope1,2：1.5℃水準＝少なくとも年4.2％削減 Scope3：Well below 2℃水準＝少なくとも年2.5％削減

出典：環境省 HP を一部改編

図表 8.4.2　カーボンニュートラルへのロードマップ

「長期環境ビジョン」で掲げた2050年カーボンニュートラル社会の実現に向けて、積極的な取り組みの実施と新技術の導入を図っていきます

2019年度(基準)　2030年度　2040年度　2050

Scope1
省エネ設備の導入（トップランナー機器、ヒートポンプ、熱回収・利用、AIによる生産最適化など）
低CO$_2$排出の燃料に転換
バイオマス燃料の利用と転換（木質チップ、メタン発酵、ミドリムシ由来燃料など）
グリーン電力証書の購入、排出権取引の活用
水素燃料の利用、メタネーションなど
CO$_2$回収・再利用（DAC、カーボンリサイクル）設備の導入など
次世代の先進技術

Scope2
省エネ設備の導入（トップランナー機器、LED照明、AIによる生産最適化など）
RE100対応の再生可能エネルギー由来電力の購入
太陽光発電設備の導入
ペロブスカイト太陽電池の導入
再エネ電力事業者との協業による再エネ電力の購入（バイオマス、太陽光、風力、地熱など）

＊グリーン文字：現在開発が進められている新技術

出典：明治ホールディングス株式会社

食品産業の脱炭素化を目指して

8.5 一人ひとりのエシカル消費を促す制度

　エシカル消費とは、地域の活性化や雇用などを含む、人・社会・地域・環境に配慮した消費行動のことです。私たち一人ひとりが、社会的課題の解決を考慮したり、そうした課題に取組む事業者を応援しながら消費活動を行うことです。

　ここでは、身近で見かけるエシカル消費に関連する認証ラベル・マークを紹介します。認証ラベル・マークは、その商品が、第三者機関によって一定の基準を満たしていることの証となります。

エコマーク：生産から廃棄にわたるライフサイクル全体を通して環境への負荷が少なく、環境保全に役立つと認められた商品につけられる環境ラベル

MSC 認証：水産資源や環境に配慮した漁業で獲られた水産物に付けられる、MSC「海のエコラベル」

FSC® 認証：適切に管理された森林の木材とその木材から作られた製品であることを証明する認証ラベル

国際フェアトレード認証：開発途上国の原料や製品を適正な価格で継続的に購入することにより、立場の弱い生産者や労働者の生活改善と自立を目指す目的で与えられる認証ラベル

有機 JAS：農薬や化学肥料を控え、自然界の力で生産されたことを国が指定した食品に付けられる認証ラベル

レインフォレスト・アライアンス認証：森林や生態系の保護、農園の労働環境など、持続可能な農法で栽培された製品に付けられる認証ラベル

　イオングループは、平和・人間・地域を大切にするという理念を持ち、トップバリュにおいてのフェアトレード商品は、この基本理念を具現化したものです。その仕組みは第三者認証機関が、生産者や企業を監査して、Fairtrade International の基準を守って生産や貿易が行われているかチェックします。また、イオンが掲げる持続

可能な調達として「生産者や労働者の方々が抱える社会課題の解決に向けたプロジェクトを、イオンが直接、支援し生産地の持続的な発展に寄与していること」を条件としています。トップバリュはイオンのお店で対象製品を販売します（**図表8.5.1**）。

図表8.5.1　TOPVALUのフェアトレードの仕組み

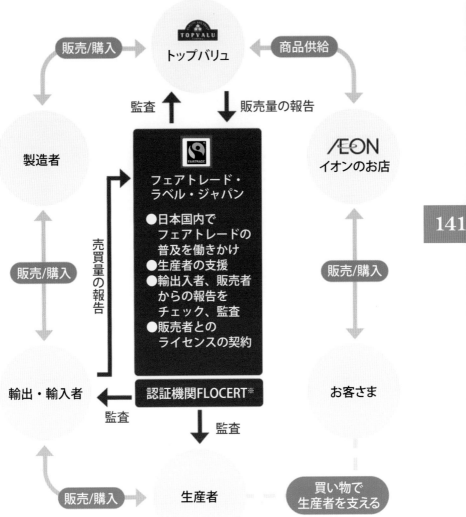

出典：イオントップバリュ株式会社

食品産業の脱炭素化を目指して

そうすることにより、生産者は環境を守りつつ、原料を適正な価格で販売できます。代表的な製品が、「ひとくちピーナッツチョコレート」です（**図表 8. 5. 2**）。

図表 8. 5. 2　フェアトレード対象製品

出典：イオントップバリュ株式会社

● 著者紹介

山崎　康夫（やまざき　やすお）

1979 年	早稲田大学理工学部 卒業
1983 年	オリンパス光学工業株式会社 入社
1997 年	社団法人 中部産業連盟 入職
	主に食品製造業に対して、ISO9001、HACCP、FSSC22000、有機 JAS、
	新工場建設、生産性向上、工場活性化などの講演・指導に従事
2002 年〜	東京造形大学 非常勤講師 経営計画専攻
2022 年〜	一般社団法人 中部産業連盟 委嘱コンサルタント
現　在	フードチェーン・コンサルティング創業

全日本能率連盟認定マスター・マネジメント・コンサルタント
JFS-A/B 規格 監査員および判定員
中小企業診断士（東京協会三多摩支部所属）
日本経営診断学会所属
日本品質管理学会所属

　本著書についての問合せは、cqb02027@nifty.ne.jp

カーボンニュートラルに向かう食の事業変革

2023 年 2 月 15 日　初版第 1 刷　発行

著　者　山崎康夫
発 行 者　田中直樹

発行所　株式会社　幸書房

〒 101-0051　東京都千代田区神田神保町 2-7
TEL 03-3512-0165　FAX 03-3512-0166
URL　http://www.saiwaishobo.co.jp

装幀：クリエイティブ・コンセプト　松田晴夫
各章体系図イラスト：安部　豊
組　版　デジプロ
印　刷　シナノ

ISBN 978-4-7821-0471-2　C3058